大学物理实验

主　编　章世晅

副主编　李　雄　王炜路　姜碧芬

　　　　　廖培林　蔡伟群

西南交通大学出版社

·成都·

图书在版编目（CIP）数据

大学物理实验 / 章世昍主编. 一成都: 西南交通大学出版社, 2009.1
ISBN 978-7-5643-0121-7

Ⅰ. 大… Ⅱ. 章… Ⅲ. 物理学－实验－高等学校－教材
Ⅳ. 04-33

中国版本图书馆 CIP 数据核字（2008）第 174290 号

大学物理实验

主编 章世昍

责 任 编 辑	黄淑文
特 邀 编 辑	李 鹏
封 面 设 计	翼虎书装
出 版 发 行	西南交通大学出版社 （成都二环路北一段 111 号）
发行部电话	028-87600564　87600533
邮 编	610031
网 址	http://press.swjtu.edu.cn
印 刷	四川森林印务有限责任公司
成 品 尺 寸	185 mm×260 mm
印 张	12.25
字 数	306 千字
印 数	1—3 000 册
版 次	2009 年 1 月第 1 版
印 次	2009 年 1 月第 1 次
书 号	ISBN 978-7-5643-0121-7
定 价	22.00 元

前　言

物理学一词早先源于希腊文（νσιξ），意为自然。其现代内涵是指研究物质运动最一般规律及物质基本结构的科学。物理学是实验科学，凡物理学的概念、规律及公式等都是以客观实验为基础的。科学家提出某些假设和预见，为对其进行证明，筹划适当的手段和方法，根据由此产生的现象来判断假设和预见的真伪。因此，科学实验的重要性是不言而喻的。

当代最为人们注目的诺贝尔奖，其宗旨是奖给有最重要发现或发明的人。因此，诺贝尔物理学奖标志着物理学中里程碑级的重大发现和发明。从 1901 年第一次授奖至今已有近百年的历史，有得主近 150 名，其中以实验物理学方面的发现或发明而获奖者约占 73%。

整个物理学的发展史是人类不断了解自然、认识自然的过程。实验物理和理论物理是物理学的两大分支，实验事实是检验物理模型、确立物理规律的终审裁判。理论物理与实验物理相辅相成，互相促进，恰如鸟之双翼，人之双足，缺一不可。物理学正是靠着实验物理和理论物理的相互配合、相互激励、探索前进，而不断向前发展的。在物理学的发展过程中，这种相互促进、相互激励、相互完善的过程的实例是数不胜数的。

无论是物理学还是整个自然科学的发展，实验和理论的相互作用都是一种内在的根本动力。这种作用引起量的渐进积累和质的突变飞跃的交替潜进，推动着科学进程一浪一浪地不断高涨。

正如著名物理学家密立根（R. A. 密立根）所说："我仅仅在理论和实验这两个领域里作了微小的贡献，就得到 1923 年的诺贝尔物理学奖，我感到非常荣幸。"这件事很好地说明科学是在用理论和实验这两只脚前进的，有时是这只脚先迈出一步，有时是另一只脚先迈出一步，但是前进要靠两只脚，先建立理论然后做实验，或者是先在实验中得出新的关系，然后再迈出理论这只脚，并推动实验前进，如此不断交替进行。

对于物理学学习者来说，物理实验不仅是物理学科的重要组成部分，也是深入理解和掌握物理定律和原理必不可少的环节，同时，它还是增强学生分析和解决实际问题的能力、提高综合素质的有效途径。

物理实验技术是工程技术的基础，是学生系统地学习实验方法、仪器使用、数据处理等技能的良好训练平台，因此它是理工科学生不可或缺的一门重要基础课程。

本书系根据教育部《非物理类理工科大学物理实验课程教学基本要求》，针对学生的专业特点，结合多年来物理实验课程的教学实践编写而成的。主要特点如下：

（1）通俗易懂，便于自学和预习。每个实验都给出了简明扼要的操作要点和注意事项，对初学者易出现的问题，有较为详细的解释。此外，还给出了实验报告范例，便于自学和按照实验要求进行预习。

（2）重点突出，便于理解和掌握。每个实验都提出了完成实验项目的具体任务及数据测量要求，便于操作和数据处理。

（3）注重归纳总结，便于综合运用。对一些物理量的测量，提供了多种方法，给学生更多的选择余地。扩展相关的实验内容，引导学生自主思考，培养良好的实验素养。

由于编者水平有限，书中难免存在疏漏，敬请读者批评指正。

编　者
2008 年 10 月

目　录

绪　论

一、物理实验课的基本程序

1. 实验前的准备

教材是学生进行实验的主要依据，它给出了这门课程的总体安排和要求，每个实验的具体任务，以及依据的物理原理和选用的实验方法等。因此，学生在课前一定要认真预习好教材，做到实验之前明确任务和要求，了解所要观察和研究的物理现象，并正确理解原理，熟悉实验和测量方法，了解仪器的性能和使用方法，注意对实验中系统误差的分析和消除方法。同时在实验记录本上扼要写出本次实验的实施计划，它包括任务和要求、计算测量结果将要使用的计算公式及必须保证的实验条件、主要仪器及规格，同时还要画出记录数据用的表格，对电学实验还应画出电路图。解决预习思考题，可更好地理解实验的主要内容和安排。

2. 认真和细心地进行实验

做实验不是简单地测量几个数据，计算出结果，更不能把这个重要实践过程看成是只动手而不动脑筋的机械操作。要在实践过程中，有意识地培养自己熟练使用和调节仪器的本领、精密而正确的测量技能、认真观察和分析实验现象的科学素养、整洁清楚地做实验记录（问题、现象、原始数据）的良好习惯，同时还要有分工协作精神和团队意识。总之，实验过程中要做到手脑并用，积极地动脑思考。而测量结果正确与否，主要取决于实验条件和实验者的操作技能及精细程度等多种因素。因此，对任何一个量的测量，一般都要重复进行多次，以确保其正确、可靠；同时还应经常检查和复核实验过程中每一步的正确性，并采用各种可能的办法来检验自己的测量数据，如粗算最终结果，查看数据变化情况是否符合预期规律，数据是否违背经验常识等，此外，在实验过程中还要自觉培养良好的实验习惯、实事求是的科学态度。要爱护实验仪器设备，遵守操作规程，注意安全。

3. 写好实验报告

写出实验报告是实验工作的最后环节，是整个实验工作的重要组成部分，它可以训练写科学技术报告的能力及对整个实验进行总结。

实验报告的重要内容之一是处理测量数据。因此，需要按照实验情况采用正确的数据处理方法，以计算概括出实验结果的规律，并得出应有的结论。处理数据最常用的基本方法有列表法和作图法，原始数据都应该填入相应的专门设计的表格中，这样在最后计算中就很方便。而对于测量数据很多，计算繁杂的实验，设计合理的数据表格还能为你减少不必要的重复劳动。不少实验还要求对测量数据进行作图处理，以寻求实验规律和经验公式，或用作图法计算出间接测量值及作出校准曲线等。

实验报告是完成每个实验工作的总结，也是交给老师的一份完整的作业，它应当写得简明扼要，概念清楚，叙述准确。

以下给出普通物理实验要求的实验报告形式：

××实验报告

实验名称：＿＿＿＿＿＿＿＿＿＿＿＿＿＿＿＿＿＿＿＿＿＿＿＿＿＿＿＿＿＿＿

班级：＿＿＿＿＿＿＿ 组号：＿＿＿＿＿＿ 完成日期：＿＿＿＿年＿＿月＿＿日 室温＿＿＿＿＿

姓名：＿＿＿＿＿＿ 同组人员：＿＿＿＿＿＿＿＿＿＿＿ 指导老师：＿＿＿＿＿＿＿＿＿＿＿

实验目的：

实验仪器：写出主要仪器的名称、规格和编号

实验原理：用自己的语言，概括出本实验的原理（依据）和测量方法要点，实验条件，主要公式，（不需指导）公式中各物理量意义，电路图或实验原理示意图（不必画装置图）。

实验内容：写出实验的具体步骤。

数据记录及处理：首先列出全部原始测量数据，画出表格，其次按测量真值（或平均值）计算，误差计算和被测量结果表示这一顺序，正确计算和表示测量结果，如果是要求作图的，还要应用坐标纸细心描出图线。

分析和讨论：对实验中观察到的现象和结果的好坏进行具体分析或讨论，并回答老师提出的问题。

二、实验室守则

（1）学生进入实验室须带上实验数据表格及实验指导书，不得迟到和早退。

（2）遵守课堂纪律，保持安静的实验环境。

（3）实验准备就绪后，需经指导老师检查同意，方可进行实验。实验中应严格遵守仪器设备操作规程，认真观察和分析现象，如实记录实验数据，独立分析实验结果，认真完成实验报告。

（4）爱护仪器，严格按照仪器说明书操作。进入实验室不得擅自搬弄仪器。公用工具用完后应立即归还原处。

（5）实验中若发生仪器故障或其他事故，应立即切断电源、水源等，停止操作，保持现场，报告指导老师，待查明原因或排除故障后，方可继续进行实验。

（6）实验完毕后，学生应将仪器整理还原、切断电源，桌面、凳子收拾整齐，经教师检查测量数据和仪器还原情况并签字后，方可离开实验室。

（7）实验报告应在实验后一周内交实验室。

第1章　实验误差及测量数据的处理

第1节　测　量

物理实验的大部分工作是进行物理量的测量，而测量是指将被测量与规定的标准量（标准单位）相比较，得出被测量是标准量的多少倍，附上标准单位，即为测量结果。

测量分直接测量和间接测量两种。

直接测量：将被测量与量具、仪表直接进行比较，如分别用米尺、秒表、安培计测长度、时间、电流强度。

间接测量：被测量不能直接与量具、仪表进行比较，而需通过测出与被测量有关的若干物理量，然后利用公式或原理等进行计算得到测量值，如测量面积、密度、热量等。

第2节　误差及误差分类

测量的目的就是为了获得真值，即反映物质自身特性的物理量所具有的客观真实数值。但在测量过程中，由于观测对象、仪器、方法、环境和观测者存在各种原因，因此被测量的真值不可能测得，测量所得的只能是近似值，一般呈正态高斯分布（见图1.1）。通常可取多次测量值的算术平均值来代表真值。测量值与真值间的差值称为误差，显然，有测量就有误差。

误差可分为三大类：

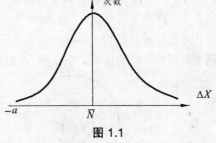

图 1.1

1. 系统误差

在相同条件下多次测量同一物理量时，误差的大小和符号恒定不变，或在条件改变时，误差的大小和符号按一定规律变化，这类误差称为系统误差。导致系统误差产生的原因有：

① 仪表（量具）误差，如零点不准、刻度不准、砝码不准等；

② 环境改变引起的误差；

③ 习惯误差；

④ 测量方法和计算方法不完善所引起的误差。

这类误差可以根据引起的原因进行修正来减少或消除。在表示测量结果时，均应消除掉系统误差。

2. 偶然误差

在相同的条件下多次测量同一物理量时，由于一些随机因素的影响而使误差的数值或符号无确定的规律，也不能预料，这类误差称为偶然误差（或随机误差）。导致偶然误差产生的原因有：

① 仪器精度；

② 人体感官灵敏度；

③ 环境的偶然因素，如温度、振动、气流、噪声等的干扰。这种误差无法控制，但符合统计规律：

- 误差小的出现机会多；
- 绝对值相等的正负误差出现机会相等；
- 测量次数"无限"增多时，每次偶然误差的算术平均值趋近于零。

3. 过失误差

由于测量、读数、记录以及操作等方面的差错而造成的误差，称为过失误差（或粗大误差）。含有过失误差的测量数据为坏数据，应将其剔除不用。

在对测量结果做总体评定时，一般均应将系统误差、过失误差和偶然误差三者综合起来考虑。

第3节　测量的准确度和精密度

精度用来反映测量结果与真值的差异，误差小则精度高，误差大则精度低。而精度又分为准确度、精密度和精确度。

准确度是指测量值与真值符合的程度，它反映了系统误差大小的程度，准确度高表示系统误差小；精密度是指测量中所测数值重复性的程度，它反映偶然误差的大小，精密度高表示偶然误差小，即测量的重复性好；精确度则表示准确度和精密度的综合情况。只有精确度高的测量结果，才是质量最好的。为形象说明其区别，可用打靶的例子来说明，图1.2（a）表示精密度和准确度都很好，精密度高；图（b）精密度高，准确度差；图（c）精密、准确度都不好。

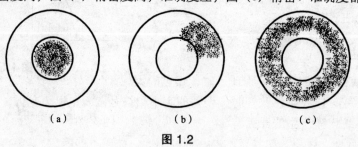

（a）　　　　　（b）　　　　　（c）

图1.2

第4节　直接测量结果的表示

直接测量结果表示成 $N = N' \pm \Delta N$（单位）的形式。N'是对系统误差修正以后的数值，它

4

可以是多次测量的算术平均值，也可以是一次测量值；ΔN 是绝对误差，可以是仪器误差、平均误差或估计误差。

一、简单刻度仪器的读数和记录

在使用各种量具和仪器进行测量时，如何读取它所指示的数值，使该数值中的每位数都能有效地反映被测量的实际大小，这是获得正确实验结果的前提。对于米尺、温度计、电表等指示数可连续变化的仪器，读数时，都要求先读整数位，然后再进行仪器最小分度值内的估读，通常只估读一位。如用米尺测物体长度，最小分度是 1 mm，所以估读到 1/10 mm；用伏特计测电压，若最小分度是 0.1 V，那么应记录到 1/100 V。

二、最佳值——算术平均值

因为增加测量次数对减小偶然误差有利，所以我们常常对同一被测量重复测量多次。若已消除系统误差，那么，当测量次数趋于无穷大时，多次测量的算术平均值就等于该待测量的真值。设 N' 表示某一待测量物理量的真值，如果对该量进行了 k 次测量，各次测量值为 N_1，N_2，N_3，$\cdots$，N_k，各测量值的偶然误差为 $\Delta N = N_1 - N'$，$\Delta N = N_2 - N'$，$\cdots$，$\Delta N = N_k - N'$，则 k 次测量的算术平均值 $\overline{N}$ 为

$$\overline{N} = \frac{\sum_{i=1}^{k} N_i}{k} \cdot \frac{\sum_{i=1}^{k} (N' + \Delta N_i)}{k} = N' + \frac{1}{k} \sum_{i=1}^{k} \Delta N_i$$

当测量次数 $k \to \infty$ 时，有 $\lim\limits_{k \to \infty} \frac{1}{k} \sum_{i=1}^{k} \Delta N_i = 0$，因而 $\lim\limits_{k \to \infty} \overline{N} = N'$

由于 k 总是有限的，因此算术平均值并不等于真值，但根据误差的统计理论可以证明，多次测量的算术平均值可以最好地代表真值，也就是这一系列测量值中的最佳值。所以通常用算术平均值来表示测量结果。

三、直接测量的误差表示

用平均值作为测量结果，其可信程度在已定的测量次数条件下就要由误差来决定。如果各次测量值相互差异大，那么测量就不精密，测量误差大，结果可信度就低；反之，各次测量值差异小，测量就精密，测量误差小，结果可信度就高。所以，误差的大小反映出了测量结果的可信程度。

在普通物理实验中，常用平均误差或均方根误差、仪器误差或估计误差来表示测量误差的大小。

1. 多次测量的平均误差或均方根误差

设对某量作 k 次测量，得到一列测量值：N_1，N_2，N_3，$\cdots$，N_k，把测量值与算术平均值

之差取绝值，用来表示每次测量的误差，即 $\Delta N_1 = \left| N_1 - \overline{N} \right|$，$\Delta N_2 = \left| N_2 - \overline{N} \right|$，$\cdots$，$\Delta N_k = \left| N_k - \overline{N} \right|$，则算术平均值

$$\overline{\Delta N} = \frac{\sum\limits_{i=1}^{k} \Delta N_i}{k} = \frac{\sum\limits_{i=1}^{k} \left| N_i - \overline{N} \right|}{k}$$

被称为平均误差。

但是，$\overline{\Delta N}$ 会随着次数 k 的变化而变化，而且对于不等精度测量的两列数据可能算出相同的 $\overline{\Delta N}$ 以及还存在其他缺点，所以，在工程技术和科学研究中，为了更准确地表示出测量误差，普遍采用的是均方根误差。均方根误差的定义式是

$$\sigma = \sqrt{\left.\sum_{i=1}^{k}(N_i - \overline{N})^2 \right/ k}$$

对 k 次测量中某一次测量值的均方根误差表示为

$$\sigma = \sqrt{\left.\sum_{i=1}^{k}(N_i - \overline{N})^2 \right/ (k-1)}$$

由统计理论可证得，k 次测量结果的算术平均值的均方根误差为

$$\sigma_k = \frac{\sigma}{\sqrt{k}} = \sqrt{\left.\sum_{i=1}^{k}(N_i - \overline{N})^2 \right/ k(k-1)}$$

统计理论还可以证明，当测量次数 k 很多时，σ 与 $\overline{\Delta N}$ 之间存在如下关系：

$$\sigma = 1.25\overline{\Delta N}$$

由于均方根误差具有很多优点，人们又称它为标准误差。但它的计算比较复杂，通常在精度要求高的实验中使用，而且对测量仪器的精确度也有较高要求。

2. 仪器误差

仪器误差指在正确使用仪器的情况下，可能产生的最大误差，其数值通常由厂家或计量机关经过检定而给出。仪器误差在测量中是无法避免的，通常作为偶然来考虑。

仪器误差决定于仪器的精确度。某种仪器的精确度是指仪器标尺上最小一个分格的大小。仪器误差通常用仪器精确度的一半或仪器上标出的精度等级来表示。例如，钢板尺的仪器误差 $\Delta L_{仪} = A_M k\%$，其中，A_M 是 M 挡的量限，k 是该表的精度等级，通常在仪器上标出。

考虑到仪器的等级误差和测量误差，测量结果最大误差 ΔN 通常表达为

$$\Delta N = N_{仪} \quad (\text{仪器精度较低或测量次数很少})$$

$$\Delta N = \begin{cases} \overline{\Delta N} \\ \sigma \end{cases} \quad (\text{仪器精度较高或测量次数很多})$$

3. 估计误差

在有些情况下，仪器误差不能正确反映出测量结果的最大误差，这时可根据实际情况估计出一个误差。如用 0.1 s 分度的秒表计时，由于人体感官灵敏度限制和技术水平的不熟练，

常造成启动和停止秒表的测量误差大于秒表的仪器误差，这时可估计出一个误差（如 0.2 s）；又如用钢卷尺测某一较长距离，测量误差较大，估计误差可根据测量的实际情况，设为 5～10 mm，甚至还可大一些。估计误差大小的选取，要根据测量技术、条件及仪器误差的大小来综合考虑，使之符合实际情况。

四、直接测量结果的表示

如果我们用某一仪器在相同条件下对某一物理量进行了多次测量，则测量结果可表示为

$$N = \bar{N} \pm \overline{\Delta N} \ （或 \sigma） \quad （当 \overline{\Delta N} \geqslant \Delta N_{仪}时）$$

$$N = \bar{N} \pm \overline{\Delta N}_{仪} \quad （当 \overline{\Delta N} \ （或 \sigma） \leqslant \Delta N_{仪}时）$$

它表示被测量的真值一般在 $\bar{N} + \overline{\Delta N}$ （或 σ）与 $\bar{N} - \overline{\Delta N}$ （或 σ）之间，而取最佳值 $\bar{N}$ 的可能性最大。

有些情况，若无法对某量进行多次测量，或无必要作多次测量，这时，可用一次测量值 $N_{测}$ 作为测量结果的最佳值，即

$$N = N_{测} \pm \Delta N_{仪} （或 \Delta N_{值}）$$

以上讲的误差也称为绝对误差，它的单位和测量值的单位相同。绝对误差并不能反映出测量的准确度。例如，测棒长 $L = (10.00 \pm 0.07)$ cm，直径 $d = (1.00 \pm 0.07)$ cm，到底哪个结果精确度高呢？为此，我们引入相对误差的概念。

绝对误差与真值的比值称为相对误差。它没有单位，一般用百分数表示

$$相对误差(E) = (绝对误差/算术平均值) \times 100\%$$

上例相对误差分别为

$$E = \Delta L/L = (0.07/10.00) \times 100\% = 0.7\%$$

$$E = \Delta d/d = (0.07/1.00) \times 100\% = 7\%$$

显然，棒长的测量比棒直径的测量要精确得多。

第 5 节　有效数字

任何直接测量测得的数据都只能是近似的数，由这些近似的数通过计算而求得的间接测量值也是近似数。因此，近似数的计算和表示都有一些规则，以便准确表示出数据记录和运算结果的近似性，为此我们引入有效数字。

当用仪器来测量某一个物理时，仪器上的示数往往不会刚好在最小分度的刻度上，比如测长度时，若读数落在 10 mm 和 11 mm，则该数值可写为整数 10 mm 和估读出 1 位如 0.4 mm，此值即为 10.4 mm，这个 4 也是有意义的，称为"可疑数字"。在进行测量记录时，一般在最小分度后估读一位，而且只估读一位数字。我们把所有准确数字再加上一位有意义的可疑数字总称为"有效数字"。

一、记录有效数字应注意的几点

① 待测物理量有效数字的位数决定于测量仪器的精密度，不能任意增减。

② 有效数字位数与单位变换无关。如 0.053 m 和 5.3 cm 都是两位有效数字，通常用科学计数法表示为 5.3×10^{-2} m。

③ 数字中的"0"可以是有效数字，也可以不是有效数字。如物长 0.010 20 m，前两个"0"是用来表示小数所占位置的，不是有效数字，而后面的两个"0"都是有效数字，该数是 4 位有效数字。

④ 对于测量公式中经常碰到的某些常数，如 π，g 等，一般有效数字位数较多，可看做精确常数，在计算结果时，当需对它们取值时，可使它们的取值位数比测量公式中其他测量值的有效位数适当多 1～2 位。

⑤ 实验结果取值的最后一位，应当和绝对误差对齐，绝对误差一般只写一位。在对数据进行舍入时，一般采用"小于 5 则舍，大于 5 则入，等于 5 则末位数凑成偶数"的法则。这个法则克服了见"5"就入的系统误差，使偶数误差随机化。

二、四则运算中有效数字的取法

1. 加减法

$$
\begin{array}{r}
23.\bar{1} \\
+\ 5.26\bar{5} \\
\hline
28.\bar{3}\bar{6}
\end{array}
\qquad\qquad
\begin{array}{r}
23.\bar{1} \\
-\ 5.26\bar{5} \\
\hline
17.\bar{8}3\bar{5}
\end{array}
$$

在上述相加减的结果中，由于第 3 位"$\bar{3}$"和"$\bar{8}$"已为可疑数字，其后的数已无意义，按舍入法则，结果应分别记为 $28.\bar{4}$ 和 $17.\bar{8}$。可以看出，在加减运算中，运算结果的最后一位有效数字由各数值中最大的绝对误差来决定。

2. 乘除法

$$
\begin{array}{r}
4.34\bar{7} \\
\times\ 21.\bar{3} \\
\hline
130\bar{4}\bar{1} \\
434\bar{7} \\
8694 \\
\hline
92.5\bar{9}\bar{1}\bar{1}
\end{array}
$$

$$
\begin{array}{r}
17.\bar{3}\bar{4} \\
21\bar{7}\,\overline{)3764.3} \\
217 \\
\hline
159\bar{4} \\
151\bar{9} \\
\hline
75\bar{3} \\
65\bar{1} \\
\hline
10\bar{2}\bar{0} \\
86\bar{8} \\
\hline
15\bar{2}
\end{array}
$$

最后结果只保留一位可疑数字，则上述结果应为 92.6 和 17.3。在作除法运算时，应注意判断商数中从哪一位开始出现可疑数。$21\bar{7}$ 中的 7 是可疑的，用它去除 3 764 并不影响用 17 作为它的两位商位的可靠性。但是到余数 $75\bar{3}$ 以后，再用 $21\bar{7}$ 去除得到的商必定是可疑的了。

一般来说，当几个数相乘（或相除）时，乘积（或商）的有效数字位数与各因子有效数字位数最少的相同。不难证明，乘方、开方的有效数字位数与其底的有效数字位数相同。

第6节　间接测量结果的表示

由于间接测量结果是由直接测量结果经过数字运算得到的，而直接测量结果有误差，所以间接测量结果也有误差，也应表示成 $N=N_{佳}\pm\Delta N$ 的形式。下面介绍基本误差公式及其推导。

直接测量结果是 $A\pm\Delta A$, $B\pm\Delta B$，间接测量结果是 $N=N\pm\Delta N$，N 是 A 和 B 的函数，$N=N(A,B)$，求 ΔN。

（1）当 $N=A+B$ 时，$N\pm\Delta N=(A\pm\Delta A)+(B\pm\Delta B)=(A+B)\pm\Delta A\pm\Delta B$。

考虑最不利情况，即可能产生最大误差的情况，间接测量误差应取作 $\Delta N=\Delta A+\Delta B$，此即两个量相加的绝对误差公式，其相对误差 $E_N=\Delta N/N=(\Delta A+\Delta B)/(A+B)$。

（2）当 $N=A-B$ 时，同样可得 $\Delta N=\Delta A+\Delta B$，$E_N=\Delta N/N=(\Delta A+\Delta B)/(A-B)$。

（3）当 $N=A\times B$ 时，$N\pm\Delta N=(A\pm\Delta A)(B\pm\Delta B)=AB\pm\Delta A\times B\pm\Delta B\times A\pm\Delta A\times\Delta B$。略去二阶数 $\Delta A\times\Delta B$，并考虑最不利情况，最大误差 $\Delta N=\Delta A\times B+\Delta B\times A$，其相对误差 $E_N=\Delta N/N=(\Delta A\times B+\Delta B\times A)/(A\times B)=E_A+E_B$。

（4）当 $N=A/B$ 时，$N\pm\Delta N=(A\pm\Delta A)/(B\pm\Delta B)=(A\pm\Delta A)(B\mp\Delta B)/[(B\pm\Delta B)(B\mp\Delta B)]=(A\times B\pm\Delta A\times B\pm\Delta B\times A\pm\Delta A\times\Delta B)/(B^2-\Delta B^2)$。略去二阶数 $\Delta A\times\Delta B$ 和 $(\Delta B)^2$，并考虑最不利情况，则最大误差 $\Delta N=(B\times\Delta A+A\times\Delta B)/B^2$，$E_N=\Delta N/N=E_A+E_B$。

从上面四个简单公式中可总结出：

① 和与差的绝对误差，等于各量绝对误差之和。

② 积与商的相对误差，等于各量相对误差之和。

以上结果可推广到任意各个量的情况。

例如，当 $N=A+B-C+D$ 时，则 $\Delta N=\Delta A+\Delta B+\Delta C+\Delta D$；当 $N=(A\times B\times C)/D$ 时，则 $E_N=E_A+E_B+E_C+E_D$。即 $\Delta N/N=\Delta A/A+\Delta B/B+\Delta C/C+\Delta D/D$。

还可以利用它们推导出复杂计算的间接测量的误差公式。

例如，测得圆盘的厚 $h=(0.48\pm0.1)$ cm，直径 $d=(12.56\pm0.01)$ cm，求体积。

体积 $V=\pi d^2 h/4$，因 $h=0.48$ 只有两位有效数字，故 π 和 d 只应取三位，得 $d=12.6$ cm，又 $\pi=3.14$，故

$$V_{佳}=\frac{3.14}{4}\times(12.6)^2\times0.48=59.8\ (cm^3)$$

$$E_V=\Delta V/V=2\times E_d+E_h=2\Delta d/d+\Delta h/h=2\times0.01/13+0.01/0.48=2.3\%$$

$$\Delta N=60\times0.023=1.4\ (cm^3)$$

最后结果 $V=(59.8^3\pm1.4)$ cm^3 或写为 $V=(61\pm2)$ cm^3（误差只取一位）。

推导误差更一般的方法是微分法，因为"误差"是测量结果的微小偏差，其特性与函数增量和自变量的增量关系类似，因此可以用微分法推导误差公式。

间接测得量 N 是直接测得量 A、B、C、D…的函数 $N = N(A, B, C\cdots)$。由微分计算

$$dN = \frac{\partial N}{\partial A}\, dA + \frac{\partial N}{\partial B}\, dB + \cdots + \cdots$$

考虑最不利情况，各个量 A、B、C…的误差对于 ΔN 是互相加强的，因此需要将计算式中 dA、dB…的系数取绝对值，由此可得

$$\Delta N = \left| \frac{\partial N}{\partial A} \right| \Delta A + \left| \frac{\partial N}{\partial B} \right| \Delta B + \cdots$$

第 7 节 处理实验数据的方法

处理实验数据是实验报告的基本内容，它是分析和讨论实验结果的主要依据。因此，需要按照实际工作情况，采取正确的处理数据的方法，才能科学地从实验的实际情况中计算出结果和概括出实验规律。

下面简略介绍几种常用的处理实验数据的方法，具体的应用结合有关数据再详细叙述。

一、列表法

列表法就是将一组数据中的自变量、因变量的各个值依一定的形式和顺序一一对应列出来。有时为了清楚起见，也常将任何一组测量结果的多次测量值，列成一适当表格。

列表法形式紧凑，数据易于参考比较，在同一表内可以同时表示几个变数间的变化而不混乱，因此，在数据处理中被广泛应用。一般列表应注意以下几点：

① 根据实验的具体要求，列出适当的表格。在表格上简明扼要地写上名称。

② 表内标题栏中，注明物理量的名称和测量的单位，不要把单位记在数据末尾。

③ 数字要正确地反映测量的有效数字。

④ 表格力求简单清楚，分类明显。

二、作图法

作图法是研究物理量的变化规律，找出物理量间的函数关系，求出经验公式的最常用方法，它可把一系列实验数据之间的关系或其变化情况用图线直观地表示出来。利用作图法得出的曲线，可迅速读出在某一范围内一个量所对应的另一个量，从图中可以很简便地求出实验所需的某些数据。在一定条件下，还可以从曲线的延伸部分获得实验测量以外的点所对应的一些数据。

作图必须遵从下列规则：

① 要用坐标纸。坐标纸的大小及坐标轴的比例应根据测得数据的有效数字和结果的

需要来定。通常，数据中的可靠数字在图中也应为可靠的，而不可靠的一位在图中应是估计的。

② 适当选取 x，y 轴的比例和坐标的起点，使图形尽量均匀地充满整个图纸。

③ 标注点。用"×"标注观测点的位置，每条线上的点用一种符号表示，若在一张纸上同时要画出几条曲线，则分别用"○""+"等符号区分开。

④ 连线。用直尺、曲线板等工具将测量点连成光滑的直线或曲线，并尽量使观测点分布在所取的连线上或均匀分布在线的两旁，但一般不将各实验点连成折线（特殊图线除外）。

⑤ 标明图线名称，通常以坐标轴所代表的物理量来命名，且习惯上将纵轴代表的物理量写在前面。

⑥ 分析。若线是直线，需要求直线的斜率和截距，写出如下的直线方程 $Y = kX + b$，其斜率为

$$k = (Y_2 - Y_1)/(X_2 - X_1)$$

图 1.3

在用斜率时，用来求斜率的两点 A (X_1, Y_1)，B (X_2, Y_2) 应选在所作的图线上，并且距离应尽量远一些。

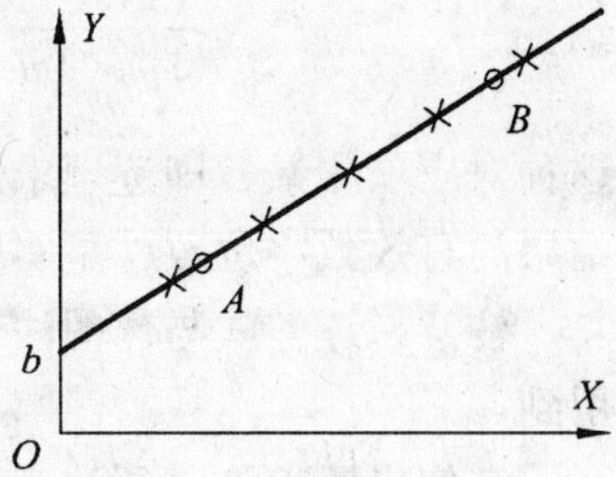

图 1.3 中，b 为坐标系中图线截距，即为 $X = 0$ 时的 Y 值。当所设坐标系横坐标原点不为零时，则可以在图线上再选一点 P_3 (X_3, Y_3)，利用点斜式求得

$$b = Y_3 - \frac{Y_2 - Y_1}{X_2 - X_1} X_3$$

曲线的直化：

实验公式有些不是线性的，但为了作图及求解的方便，通常需要将其图线改成直线，其方法是重新选定自变量坐标轴（一般为横坐标代表变量），如所选为原自变量的平方或倒数，或其他的函数关系式，这样处理之后的新变量代替原自变量，就可将原来的曲线转化为直线。例如，$Y = LW^2$ 表示抛物线，若画图时横坐标取为 $X = (W)^2$，则 Y 与 X 的图线成直线关系。

其他曲线的直化方法大体上类似，只不过有时横、纵轴需要同时变换，如横轴取自变量的倒数，纵轴取原变量的对数，对应于 $e^y = \frac{1}{x}$。

以下用测量热敏电阻的阻值随温度变化的关系为例进行图示的图解。

我们知道，热敏电阻的阻值 R_T 与温度 T 的关系为

$$R_T = a e^{b/T}$$

其中，a、b 为待定常数，需要由实验求出；T 为热力学温度。为变换成直线形式，可将两边取对数得 $\ln R_T = \ln a + \frac{b}{T}$，并作变换，令 $y = \ln R_T$，$a' = \ln a$ 及 $x = \frac{1}{T}$，则得方程为

$$y = a' + bx$$

实验测量出热敏电阻在不同温下的阻值后，以变量 x，y 作图。若能得到 Y-X 图线为直线，就证明 R_T 与 T 的理论关系式确实是正确的。

三、逐差法

对随等间距变化的物理量 x 进行测量且函数可以写成 x 的多项式时，可用逐差法进行数据处理。

例如，一空载长为 x_0 的弹簧，逐次在其下端加挂质量为 m 的砝码，测出对应的长度 x_1，x_2，…，x_5，求每加一单位质量的砝码的伸长量。此时可将数据按顺序对半分成两组，使两组对应项相减有

$$\frac{1}{3}\left[\frac{(x_3-x_0)}{3m}+\frac{(x_4-x_1)}{3m}+\frac{(x_5-x_2)}{3m}\right]=\frac{1}{9m}[(x_3+x_4+x_5)-(x_0+x_1+x_2)]$$

这种对应项相减，即逐项求差法简称逐差法。它的优点是尽量利用了各测量量，而又不减少结果的有效数字位数，是实验中常用的数据处理方法之一。

注意：逐差法与作图法一样，都是一种粗略处理数据的方法，在普通物理实验中经常要用到。

在使用逐差法时要注意以下几个问题：

① 在验证函数表达式的形式时，要逐项逐差，不隔项逐差，这样可以检验每个数据点之间的变化是否符合规律。

② 在求某一物理量的平均值时，不可逐项逐差，而要隔项逐差，否则中间项数据会相互消去，而只留下首尾项，从而白白浪费许多数据。

如上例，若采用逐项逐差法（相邻两项相减的方法）求伸长量，则有

$$\frac{1}{5}\left[\frac{(x_1-x_0)}{m}+\frac{(x_2-x_1)}{m}+\cdots+\frac{(x_5-x_4)}{m}\right]=\frac{1}{5m}(x_5-x_0)$$

可见，只有 x_0、x_5 两个数据起作用，没有充分利用整个数据组，失去了在大量数据中求平均以减小误差的作用，是不合理的。

四、用最小二乘法作直线拟合

作图法虽然在数据处理中是一个很便利的方法，但在图线的绘制上往往会引入附加误差，尤其在根据图线确定常数时，这种误差有时很明显。为了克服这一缺点，在数理统计中研究了直线拟合问题（或称一元线性回归问题），常用一种以最小二乘法为基础的实验数据处理方法。由于某些曲线的函数可以通过数学变换改写为直线，例如对函数 $y=ae^{-bx}$ 取对数得 $\ln y=\ln a-bx$，$\ln y$ 与 x 的函数关系就变成直线型了，因此，这一方法也适用于某些曲线型的规律。

下面就数据处理问题中的最小二乘法原则作一简单介绍。

设某一实验中，可控制的物理量取 x_1，x_2，…，x_n 值时，对应的物理量依次取 y_1，y_2，…，y_n。我们假定对 x_i 值的观测误差很小，而主要误差都出现在 y_i 的观测上。显然如果从 (x_i, y_i) 中任取两组实验数据就可得出一条直线，只不过这条直线的误差有可能很大。直线拟合的任务就是用数学分析的方法从这些观测到的数据中求出一个误差最小的最佳经验式 $y=a+bx$。

按这一最佳经验公式作出的图线虽不一定能通过每一个实验点，但是它以最接近这些实验点的方式平滑地穿过它们。很明显，对应于每一个 x_i 值，观测值 y_i 和最佳经验式的 y 值之间存在一偏差 δ_{y_i}，我们称它为观测值 y_i 的偏差，即

$$\delta_{y_i} = y_i - y = y_i - (a + bx_i) \quad (i = 1, 2, 3, \cdots, n)$$

最小二乘法的原理就是：如各观测值 y_i 的误差互相独立且服从同一正态分布，当 y_i 的偏差的平方和为最小时，得到最佳经验式。根据这一原则可求出常数 a 和 b。

设以 S 表示 δ_{y_i} 的平方和，它应满足

$$S = \sum \left(\delta_{y_i}\right)^2 = \sum \left[y_i - (a + bx_i)\right]^2$$

最小。

上式中的各 y_i 和 x_i 是测量值，都是已知量，而 a 和 b 是待求的，因此，S 实际是 a 和 b 的函数。令 S 对 a 和 b 的偏导数为零，即可解出满足上式的 a、b 值。

$$\frac{\partial S}{\partial a} = -2 \sum (y_i - a - bx_i) = 0$$

$$\frac{\partial S}{\partial b} = -2 \sum (y_i - a - bx_i) x_i = 0$$

即

$$\sum y_i - na - b \sum x_i = 0$$

$$\sum x_i y_i - a \sum x_i - b \sum x_i^2 = 0$$

其解为

$$a = \frac{\sum x_i y_i \sum x_i - \sum y_i \sum x_i^2}{\left(\sum x_i\right)^2 - n \sum x_i^2}$$

$$b = \frac{\sum x_i \sum y_i - n \sum x_i y_i}{\left(\sum x_i\right)^2 - n \sum x_i^2}$$

将得出的 a 和 b 代入直线方程，即得到最佳的经验公式 $y = a + bx$。

上面介绍了用最小二乘法求经验公式中的常数 a 和 b 的方法，是一种直线拟合法。它在科学实验中的运用很广泛，特别是有了计算器后，计算工作量大大减小，计算精度也能保证，因此它是很有用又很方便的方法。用这种方法计算的常数值 a 和 b 是"最佳的"，但并不是没有误差，它们的误差估算比较复杂。一般地说，一列测量值的 δ_{yi} 大（即实验点对直线的偏离大），那么由这列数据求出的 a、b 值的误差也大，由此定出的经验公式可靠程度就低；如果一列测量值的 δ_{yi} 小（即实验点对直线的偏离小），那么由这列数据求出的 a、b 值的误差就小，由此定出的经验公式可靠程度就高。直线拟合中的误差估计问题比较复杂，可参阅其他资料，本教材不作介绍。

另外，一些常用的工具软件如 Matlab、Mathematica 等都可以直接调用内部命令作线性

拟合，并给出线性相关系数，因此也鼓励学习使用软件处理实验数据。

第8节　误差与有效数字练习题

（1）计算下列数据的平均值 $\bar{N}$、标准偏差 σ 及平均值的标准偏差 $\sigma_{\bar{N}}$，把结果写成 $\bar{N} \pm \sigma_{\bar{N}}$ 并写出相对误差 $E_N = \sigma_{\bar{N}} / \bar{N}$。

① $N_i = 3.429\,8$ cm，$3.425\,6$ cm，$3.427\,8$ cm，$3.419\,0$ cm，$3.426\,2$ cm，$3.423\,4$ cm，$3.426\,3$ cm，$3.424\,2$ cm，$3.427\,2$ cm，$3.421\,6$ cm。

② $N_i = 0.135$ s，0.126 s，0.138 s，0.133 s，0.130 s，0.129 s，0.133 s，0.132 s，0.132 s，0.134 s，0.129 s，0.136 s。

（2）说明下列各数表达方法有何不对，并加以改正。

2.045 ± 0.025，$0.002\,48 \pm 0.000\,1$，$20\,500 \pm 400$，3.015 ± 0.035

（3）利用有效数字运算规则计算下列各式的结果。

① $98.754 + 1.2$　　　　　　　② $107.50 - 2.5$

③ 111×0.100　　　　　　　④ $76.000 \div (42.00 - 2.0)$

⑤ $100.0 \times (5.6 + 4.412) \div (78.00 - 77.0) + 110.0$

（4）写出下列函数的误差表达式（绝对误差和相对误差只用写出一种）。

① $N = x + y - 2z$　　② $I_2 = I_1 \dfrac{r_2^2}{r_1^2}$　　③ $N = \dfrac{1}{2}(A^2 + B^2)$

④ $f = \dfrac{ab}{a+b}$　　　　⑤ $N = \dfrac{\sin i}{\sin \gamma}$　　　　⑥ $N = \dfrac{x-y}{x+y}$

（5）指出下列误差计算的错误，并改正。

① $E = \dfrac{4pL}{\lambda ab}$，$\dfrac{\Delta E}{E} = \dfrac{\Delta p}{p} + \dfrac{\Delta L}{L} + \dfrac{\Delta \lambda}{\lambda} - \dfrac{\Delta a}{a} - \dfrac{\Delta b}{b}$

② $L = \dfrac{1}{1 + \alpha t}$，$\dfrac{\sigma_L}{L} = \sqrt{\left(\dfrac{\partial \sigma_\alpha}{\alpha}\right)^2 \left(\dfrac{\partial \sigma_t}{t}\right)^2}$　（α 是常量）

第2章 力学、热学实验

实验1 长度测量

长度是一个基本的物理量，在生产和科学实验中被广泛应用，除数字显示仪器外，几乎所有测量仪器最终都按长度进行标度。如水银温度计是用标度尺指示水银柱在毛细管中液面的高度；指针式电表是依据指针在弧形刻度盘上的位置来读数。所以，长度测量几乎是一切测量的基础，掌握长度测量方法十分重要。

【实验目的】

(1) 掌握游标卡尺和螺旋测微计装置的原理。
(2) 学会正确使用游标卡尺和螺旋测微计。
(3) 练习正确读取和记录测量数据。
(4) 掌握数据处理的一般程序，熟悉直接和间接测量中的不确定度计算。

【实验仪器】

游标卡尺、螺旋测微计、铜柱体、小钢球。

【实验原理】

长度的测量方法和测量工具按测量精度要求的不同而相同。实验中最常用的测量长度的量具是米尺、游标卡尺、螺旋测微计（千分尺）和读数显微镜。表征这些仪器的主要规格有量程和分度值。量程表示仪器的测量范围；分度值表示仪器所能准确读到的最小数值。分度值的大小反映仪器的精密程度，分度值越小，仪器越精密，仪器的误差相应也越小。

米尺是日常生活中最常用的长度测量仪器。米尺的量程大多是 10～100 cm，分度值为1 mm。用米尺测量长度只能准确读到毫米位，毫米以下的 1 位数要估读。

游标卡尺和螺旋测微计较米尺的测量精度高，本实验重点学习这两种仪器的使用。

【仪器介绍】

1. 游标尺（游标卡尺）

1）游标尺的结构

游标卡尺结构如图 2.1.1 所示。D 为主尺，上面附有毫米分度尺；C 为副尺，也称游标，上面有读数分度，它可以在主尺上左右滑动，测量钳口 A′、B′和尾尺 E 皆在副尺上。A、A′钳口可用于测量普通长度和圆外径；B、B′钳口可用于测量内径等，故又称内卡口；E 尾尺可用于测量尝试，又称深浅尺。

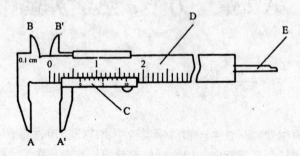

图 2.1.1　游标卡尺

2）游标尺的游标原理（最小分度原理）

游标尺在构造上的主要特点是游标上 p 个分格的总长与主尺上 $(p-1)$ 个分格的总长相等。设 y 代表主尺上一个分格的长度，x 代表游标上一个分格的长度。则有

$$px = (p-1)y$$

那么，主尺与游标上每个分格的差值是

$$\delta_x = y - x = \frac{1}{p}y = \frac{\text{主尺上最小分度值}}{\text{游标上分度格数}}$$

式中，δ_x 就是游标尺所能准确读到的最小数值，即分度值（或称游标精度）。若把游标等分为 10 个分格（即 $p=10$），这种游标尺叫做"十分游标"，"十分游标"的 $\delta_x = 1/10$ mm。这是由主尺的刻度值和游标尺刻度值之差给出的，因此，δ_x 不是估读的，它是游标尺能读准的最小数值，即是游标尺的分度值。如 $p=20$，则游标卡尺的最小分度为 1/20 mm＝0.05 mm，称为 20 分度游标卡尺；还有常用的 50 分度的游标卡尺，其分度值为 1/50 mm＝0.02 mm。

以 $p=10$ 的游标尺为例，当量爪 A 与 A′合拢时，游标上的"0"线与主尺上的"0"线重合，这时，游标上第一条刻线在主尺第一条刻线的左边 0.1 mm 处，游标上第二条刻线在主尺第二刻线的左边 0.2 mm 处，以此类推。这就提供了利用游标进行测量的依据。如果在量爪 A 与 A′间放进一张厚度为 0.1 mm 的纸片，那么，与量爪 A′及相连的游标就要向右移动 0.1 mm，这时，游标的第一条线就与主尺的第一条线相重合，而游标上所有其他各条线都不与主尺上任一条刻度线相重合；如果纸片厚 0.2 mm，那么，游标就要向右移动 0.2 mm，游标的第二条线就与主尺上的第二条线相重合，以此类推。反过来讲，如果游标上第二条线与主尺的刻度线重合，那么纸片的厚度就是 0.2 mm，如图 2.1.2 和 2.1.3 所示。

3）游标尺的读数

游标卡尺的读数表示的是主刻度尺的"0"线与游标刻度尺的"0"线之间的距离。读数可分为两部分：先在主尺上与游标"0"线对齐的位置读出毫米以上的整数部分 L_1（整毫米位），再根据游标刻度尺上与主刻度尺对齐的刻度线读出不足毫米分格的小数部分 L_2，则 $L = L_1 + L_2$。下面介绍实验室常用的五十分游标尺的读数方法。

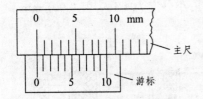

图 2.1.2　游标卡尺量爪合拢示意

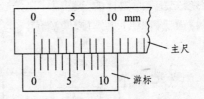

图 2.1.3　游标卡尺测纸片厚度

五十分游标尺的读数方法，如图 2.1.4 所示。第一步从主尺上可读出的准确数是 0，即 $L_1=0$，第二步找到游标上第 12 根刻线（不含零线）与主尺上的某一刻度线重合，则尾数为 $L_2=12\times0.02\text{ mm}=0.24\text{ mm}$，所以图 2.1.4 所示的游标尺的读数为 $L=L_1+L_2=0.24\text{ mm}$。事实上，"五十分游标尺"的游标上已刻上了 0.1 mm 位的数值，图示的游标上刻有 0，1，2，3，…，9 等数字即为 0 mm，0.1 mm，0.2 mm，0.3 mm，…，0.9 mm，这样，方便了使用者直接读数。如图 2.1.4，可以从游标上直接读出 L_2 为 0.24 mm。五十分游标尺已读到 1/100 mm 位上，不再像十分游标尺那样再估读。

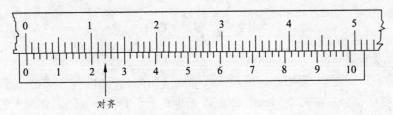

对齐

图 2.1.4

4）游标尺的使用与注意事项

游标卡尺使用前，应该先将游标卡尺的卡口合拢，检查游标尺的"0"线和主刻度尺的"0"线是否对齐，若对不齐说明卡口有零误差，应记下零点读数，用以修正测量值；使用游标尺时，一般用左手拿物体，右手握尺，并用右手大姆指控制推把，使游标尺沿着主尺滑动。推动游标刻度尺时，不要用力过猛。游标尺不能用来测量粗糙的物体，更不能卡住物体后再移动物体，以免磨损量爪。用完后应松开紧固螺钉，使卡口 A、B 间留有缝隙，然后放入盒内，不能随便放在桌上，更不能放在潮湿的环境中。

2. 螺旋测微计（千分尺）

1）螺旋测微计的结构及机械放大原理

螺旋测微计是比游标尺更为精密的测量长度的仪器，其量程比游标尺小，为 25 mm，分度值也比游标尺小，通常为 0.01 mm，在测量时还可以估读到 0.001 mm。

实验室常用的螺旋测微计的外形如图 2.1.5 所示，尺架呈弓形，一端装有测砧，测砧很硬，以保持基面不受磨损。测微螺杆（露出的部分无螺纹，螺纹在固定套管内）和微分筒、测力装置（棘轮）相连。当微分筒相对于固定套管转过一周时，测微螺杆前进或后退一个螺距，测微螺杆端面和测砧之间的距离也改变一个螺距长。实验室常用的螺旋测微计的螺距为 0.5 mm，沿微分筒周界刻有 50 等分格，固定套管上刻有毫米刻度线（准线另一方的刻度线为 0.5 mm 线）。因此，当微分筒转过 1 分格时，测微螺杆沿轴线前进或后退 0.5/50＝0.01 mm，该值就是该螺旋测微计的分度值。在读数时可估计到最小分度为 1/10，即 0.001 mm，这就是所谓机械放大原理，故螺旋测微计又称为千分尺。

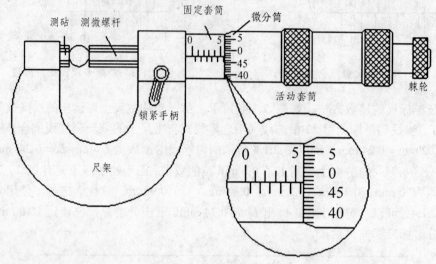

图 2.1.5　螺旋测微计

2）螺旋测微计的读数

读数可分两步：首先，观察固定标尺读数准线（即微分筒前沿）所在的位置，可以从固定标尺上读出整数部分，每格 0.5 mm，即可读到半毫米；其次，以固定套筒上的刻度线为读数准线，读出 0.5 mm 以下的数值，估计读数到最小分度的 1/10，然后两者相加。

如图 2.1.6（a）所示，整数部分是 5.5 mm（因固定标尺的读数准线已超过了 1/2 刻度线，所以是 5.5 mm），副刻度尺上的圆周刻度 20 的刻线正好与读数准线对齐，即 0.200 mm。所以，其读数值为 5.5 mm＋0.200 mm＝5.700 mm。如图 2.1.6（b）所示，整数部分（主尺部分）是 5 mm，而圆周刻度是 20.7，即 0.207 mm，其读数值为 5 mm＋0.207 mm＝5.207 mm。

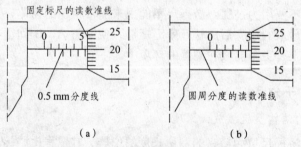

图 2.1.6　螺旋测微计读数示意图

3）螺旋测微计的使用与注意事项

①　测量物体的长度时，将待测物放在测砧和测微螺杆之间后，不得直接拧转微分筒，而应轻轻转动测力装置，使测微螺杆前进，当它们以一定的力使待测物夹紧时，测力装置中的棘轮即发出"喀、喀"的响声。这样操作，既不会把待测物夹得过紧或过松，影响测量结果，也不会压坏测微螺杆的螺纹。螺旋测微计能否保持测量结果的准确，关键是能否保护好测微螺杆的螺纹。

② 在使用螺旋测微计测量物体长度前必须读取初读数，即转动测力装置，当测微螺杆和测砧刚好接触时，记录固定套管上的准线在微分筒上的示值，即为初读数。考虑初读数后，测量结果应是：测量值＝读数值－初读数。在记录时还应注意初读数的正、负值。如图 2.1.7 所示，如果零点误差用 δ_0 表示，测量待测物的读数是 d。此时，待测物的实际长度为 $d' = d - \delta_0$，δ_0 可正可负。

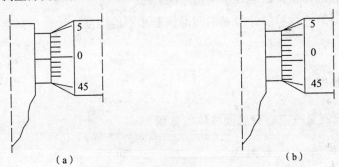

图 2.1.7　螺旋测微计初读数

在图 2.1.7 (a) 中，$\delta_0 = -0.003 \text{ mm}$，$= d + 0.003 \text{ mm}$。在图 2.1.7 (b) 中，$\delta_0 = +0.008 \text{ mm}$，$d' = d - \delta_0 = d - 0.008 \text{ mm}$。

③ 对于微分筒转动两周测微螺杆才前进 1 mm 的螺旋测微计，读数时应特别注意活动套筒上的读数是否过 0，过 0 则加 0.5，不过 0 则不能加 0.5。如图 2.1.5 所示，虽然 5.5 mm 的刻线已经可以看到，但活动套筒上的读数尚未过 0，因此读数应为 5.0＋0.474＝5.474 mm，而非 5.5＋0.474＝5.974 mm。

④ 测量完毕，应将测微螺杆退回几转，使测微螺杆与测砧之间留有空隙，以免在受热膨胀时两者过分压紧而损坏测微螺杆。

【实验内容】

1. 用游标尺测量一空心有底圆柱体的体积

① 练习正确使用游标尺。先将游标尺下量爪完全合拢，记录游标尺的初读数，然后移动游尺，练习正确读数。

② 测量空心圆柱体的外径 D、内径 d、高度 H 和中心孔深度 h（各 6 次）。

注意：测量时，应该在柱体周围的不同位置上测量高度和中心孔深度；沿轴线的不同位置上测量内径和外径，且每两次测量都应在互相垂直的位置上进行。

③ 利用计算器的统计功能计算各测量量的平均值，修正由于游标尺初读数引入的系统误差，得各测量量的测量结果。

④ 计算空心圆柱体的体积，正确表示测量结果。

⑤ 利用计算器的统计功能计算 D、d、H 和 h 的标准偏差和不确定度，计算空心圆柱体体积的不确定度，正确表示测量结果。

2. 用螺旋测微计测量一小钢球的体积

① 练习正确使用螺旋测微计。首先记录初读数，然后移动测微螺杆，练习正确读数。

② 测量小钢球的直径 d（在不同位置上测 6 次）。

③ 利用计算器的统计功能计算 d 的平均值，修正由于初读数引入的系统误差，得 d 的测量结果。

④ 计算小钢球的体积，正确表示测量结果。

⑤ 利用计算器的统计功能计算 d 的标准偏差和不确定度，计算小钢球体积的不确定度，正确表示测量结果。

【数据记录及处理】

1. 用游标卡尺测量一空心有底圆柱体的体积

游标长尺的分度值：＿＿＿＿＿＿＿＿＿＿＿＿＿＿＿＿＿mm；

游标长尺的零点读数：＿＿＿＿＿＿＿＿＿＿＿＿＿＿mm；

游标长尺的仪器误差限 $\Delta_{ins}=$ ＿＿＿＿＿＿＿＿＿＿＿＿＿mm。

测量次数	外径 D/mm	内径 d/mm	高 H/mm	内圆柱孔深 h/mm
1				
2				
3				
4				
5				
6				
平均值				
修正初读数后的测量平均值				
标准偏差				
A 类不确定度 U_A				
B 类不确定度 U_B				
不确定度 U				
测量结果	$D=\bar{D}\pm U_D$	$d=\bar{d}\pm U_d$	$H=\bar{H}\pm U_H$	$h=\bar{h}\pm U_h$

空心圆柱体的体积：$\bar{V}=\dfrac{\pi}{4}(\bar{D}^2\bar{H}-\bar{d}^2\bar{h})=$ ＿＿＿＿＿＿＿＿＿＿＿＿＿；

空心圆柱体体积的测量不确定度：$U_V=$ ＿＿＿＿＿＿＿＿＿＿＿＿＿；

空心圆柱体体积的测量结果：$V=\bar{V}\pm U_V=$ ＿＿＿＿＿＿＿＿＿＿＿＿＿。

2. 用螺旋测微计测量一小钢球的体积

螺旋测微计的分度值：＿＿＿＿＿＿＿＿＿＿＿＿＿＿＿mm；

螺旋测微计的零点读数：_____mm;

螺旋测微计的仪器误差限 Δ_{ins} =_____mm。

测量次数	1	2	3	4	5	6	平均值	修正初读数后的平均值
小钢球直径 d/mm								

小钢球的体积：$\bar{V} = \frac{1}{6}\pi\bar{d}^3 = $_____;

小钢球体积的测量不确定度：$U_V = $_____;

小钢球体积的测量结果：$V = \bar{V} \pm U_V = $_____。

【思考题】

（1）已知游标卡尺的精度为 0.01 mm，其主尺的最小分度的长度为 0.5 mm，试问游标的分度数（格数）为多少？以毫米作单位，游标的总长度可能取哪些值？

（2）一个角游标，主尺 29（29 分格）对应于游标 30 个分格，问这个角游标的分度值是多少？读数应到哪一位上？

实验 2　固体密度的测量

密度是物质的基本特性之一，它与物质的纯度有关，常常通过测定密度来作原料成分的分析和纯度的鉴定。本实验介绍两种测量固体密度的方法，规则形状固体密度的测量及用静力称衡法测量任意形状固体的密度。

一、规则形状固体密度的测量

【实验目的】

（1）掌握米尺、游标卡尺、螺旋测微计（千分尺）和物理天平的结构、测量方法及读数原理。

（2）学会确定有效数字的基本规则和方法；学会数据处理、误差计算的基本规则和方法。

（3）掌握测定规则物体密度的一种方法。

【实验仪器】

米尺、游标卡尺、螺旋测微计、物理天平及待测物体。

【实验原理】

若一物体的质量为 M，体积为 V，密度为 ρ，则按密度定义有

$$\rho = M/V$$

当待测物体是一直径为 d，高度为 h 的圆柱体时，上式变为

$$\rho = 4M/(\pi d^2 h)$$

只要测出圆柱体的质量 M、外径 d 和高度 h，代入上式即可算出该圆柱体的 ρ。

一般来说，待测圆柱体各个断面的大小和形状不尽相同。为了精确测定圆柱体的体积，必须在它的不同位置测量直径和高度，求出直径和高度的算术平均值。

【仪器介绍】

物理天平是常用的测量物体质量的仪器，其外形示意图见图 2.2.1。天平的横梁上装有 3 个刀口，中间刀口置于支柱上，两侧刀口各悬挂一个称盘。横梁下面固定一个指针，当横梁摆动时，指针尖端就在支柱下方的标尺前摆动。制动旋钮可以使横梁上升或下降，横梁下降时，制动架就会把它拖住，以免磨损刀口。横梁两端两个平衡螺母是天平空载时调平衡用的。横梁上装有游码，用于 10 g 以下的称衡。支柱左边的托盘，可以拖住不被称衡的物体。

物理天平的规格由下列两个参量来表示：

① 感量。是指天平平衡时，为使指针产生可觉察的偏转在一端需加的最小质量。感量越小，天平的灵敏度越高。图 2.2.1 所示天平的感量为 0.1 g。

② 称量。是允许称量的最大质量，图 2.2.1 所示天平的称量为 1 kg。

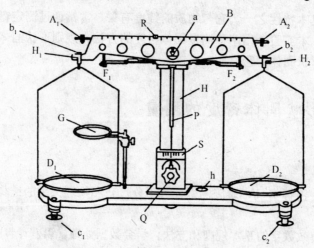

图 2.2.1

F_1，F_2—支承螺钉；A_1，A_2—平衡螺母；b_1，b_2—刀口；a—主刀口；R—游码；H_1，H_2—挂钩；H—支柱；P—指针；S—标尺；G—托盘；D_1，D_2—砝码盘；c_1，c_2—底脚螺钉

使用物理天平时应当注意以下几点：

① 使用前，应调节天平底角螺钉，使底座上的水平仪水泡调到中间以保正支柱铅直。

② 调整零点，即先将游码移到横梁左端零线上，支起横梁，观察指针是否停在零点，如不在零点，可以调节平衡螺母，使指针指向零点。

③ 称物体时，被称物体放在左盘，砝码放在右盘；加减砝码必须使用镊子，严禁用手。

④ 取放物体和砝码，移动游码或调节天平时，都应将横梁制动，以免损坏刀口。

【实验内容】

(1) 测量规则形状固体的体积。注意：

① 选择合适的测量仪器测量；

② 选取不同的位置重复测量以上数值 5 次，取它们的算术平均值。

(2) 用物理天平称出待测物体的质量 $M_长$、$M_正$、$M_柱$，并重复测量 5 次，取算术平均值。

【数据记录及处理】

(1) 数据记录。

游标卡尺零点误差_____cm；

螺旋测微计零点误差_____mm。

① 圆柱体。

次数	h（高）	Δh	d（直径）	Δd	$M_柱$（质量）	$\Delta M_柱$
1						
2						
3						
4						
5						
平均值						

② 长方体。

次数	a（长）	Δa	b（宽）	Δb	c（高）	Δc	$M_长$	$\Delta M_长$
1								
2								
3								
4								
5								
平均值								

③ 正方体。

次数	l（边长）	Δl	$M_正$	$\Delta M_正$
1				
2				
3				
4				
5				
平均值				

（2）数据处理。

物体体积 V:

$$\overline{V}_\text{柱}=\frac{\pi}{4}\overline{d}^2\overline{h}\,, \quad \overline{V}_\text{长}=\overline{a}\cdot\overline{b}\cdot\overline{c}\,, \quad \overline{V}_\text{正}=\overline{l}^3$$

平均密度 D: $\overline{D}=\overline{M}/\overline{V}$

相对误差:

对柱: $\dfrac{\Delta V}{V}=2\dfrac{\Delta d}{d}+\dfrac{\Delta h}{h}$

对长方体: $\dfrac{\Delta V}{V}=\dfrac{\Delta a}{a}+\dfrac{\Delta b}{b}+\dfrac{\Delta c}{c}$

对正方体: $\dfrac{\Delta V}{V}=3\dfrac{\Delta l}{l}$

$$E_D=\frac{\Delta D}{\overline{D}}=\frac{\overline{\Delta M}}{\overline{M}}+\frac{\Delta V}{V}$$

绝对误差: $\Delta D=\overline{D}\cdot E_D$

结果: $D=\overline{D}\pm\Delta D=$ 　　　　　　 ; $E_D=$ 　　　　　 %。

【思考题】

（1）指出本实验所用的测量长度的量具的精度。本实验中各测量量直接读数的有效数字各为几位？

（2）某螺旋测微计的允差（即仪器在正常条件下使用时与准确值的允许偏差值）为 0.005 mm，那么把读数估计到 0.001 mm 还有没有意义？

（3）天平的操作规则中，哪些规定是为了保护刀口的？哪些规定是为了保证测量精度的？

二、用静力称衡法测量任意形状固体的密度

【实验目的】

（1）学会正确使用物理天平。

（2）用静力称衡法测量任意形状固体的密度。

【实验仪器】

物理天平、玻璃烧杯、细线、温度计、待测物体等。

【实验原理】

按照阿基米得定律，浸在液体中的物体要受到向上的浮力，浮力的大小等于物体所排开的液体的重量。

如果不计空气浮力，那么物体在空气里称衡得到物体的重量 $W=mg$ 与它浸在液体中的视重 $W_1=m_1g$ 之差，即为它在液体中所受的浮力

$$F = W - W_1 = (m-m_1)g \tag{2.2.1}$$

式中，m 和 m_1 是该物体在空气中及全部浸入液体中称衡时相应的天平砝码质量。而物体所排开液体的重量为

$$F = \rho_0 Vg \tag{2.2.2}$$

式中，ρ_0 是液体的密度；V 是在物体全部浸入液体时所排开液体的体积，也即物体的体积。考虑到 $\rho = m/V$，联系式（2.2.1）、（2.2.2），可以得到

$$\rho = m\rho_0 /(m-m_1) \tag{2.2.3}$$

本实验中的液体用水，ρ_0 即水的密度。不同温度下水的密度见表 2.2.1 和表 2.2.2。

表 2.2.1　20 ℃ 时常用固体和液体的密度

物　质	密度 $\rho/\mathrm{kg \cdot m^{-3}}$	物　质	密度 $\rho/\mathrm{kg \cdot m^{-3}}$
铜	8 960	水晶玻璃	2 900～3 000
铁	7 874	乙　醇	789.4
铅	11 350	冰（0 ℃）	800～920
石英	2 500～2 800	窗玻璃	2 400～2 700

表 2.2.2　标准大气压下不同温度的纯水密度（3.98 ℃ 时，1 000.000 $\mathrm{kg \cdot m^{-3}}$）

温度 $t/℃$	密度 $\rho/\mathrm{kg \cdot m^{-3}}$	温度 $t/℃$	密度 $/\mathrm{kg \cdot m^{-3}}$	温度 $t/℃$	密度 $\rho/\mathrm{kg \cdot m^{-3}}$
0	999.841	11	999.605	22	997.770
1	999.900	12	999.498	23	997.538
2	999.941	13	999.377	24	997.296
3	999.965	14	999.244	25	997.044
4	999.973	15	999.099	26	996.783
5	999.965	16	998.943	27	996.512
6	999.941	17	998.744	28	996.232
7	999.902	18	998.595	35	994.031
8	999.849	19	998.405	40	992.21
9	999.781	20	998.203	50	988.04
10	999.700	21	997.992	100	958.35

【实验内容】

（1）按照物理天平的使用方法，称出物体在空气中的质量 m。

（2）用盛有大半杯水的杯子放在天平左边的托板上，然后将用细线挂在天平左边小钩上

的物体全部浸入水中（注意不要让物体接触杯子），称出物体在水中的质量 m。

（3）测出实验时的水温，由附表中查出水在该温度下的密度 ρ_0。

（4）按式（2.2.3）计算 ρ，用有效数字的计算规则进行运算。

【数据记录及处理】

（1）数据记录。

次数	m/g	$\Delta m/g$	m_1/g	$\Delta m_1/g$
1				
2				
3				
4				
5				
平均值				

（2）数据处理。

$$\bar{\rho} = \frac{\overline{m}}{\overline{m} - \overline{m_1}} \rho_0 =$$

$$\Delta\rho = \frac{\Delta m \cdot (\overline{m} - \overline{m_1}) + \overline{m} \cdot (\Delta m + \Delta m_1)}{(\overline{m} - \overline{m_1})^2} \rho_0 =$$

$$\rho = \bar{\rho} \pm \Delta\rho =$$

室温＿＿＿＿＿＿＿＿＿＿；大气压＿＿＿＿＿＿＿＿＿＿。

【思考题】

（1）假如待测固体的密度比水的密度小，现欲采用流体静力称衡法测定固体的密度，应该怎么做呢？试简要回答。

（2）如何用本实验的方法测量某种液体的密度？

（3）本实验系统误差的主要来源是什么？如何消除或减小？

（4）如果用一根长 15 cm，直径为 0.1 mm 的细铜丝吊起一个重 25 g 的物体进行测量，把物体放在水里称衡时，有一段 3 cm 铜丝浸没在水里，设这时物理天平称衡时的误差（包括系统误差）约为称衡值的 0.5%，试估算是否对实验结果带来影响。如果用分析天平称衡，设分析天平称衡时的误差约为称衡值的 0.005%，要不要考虑这个影响？

实验 3　牛顿第二定律

本实验通过测量滑块在气垫导轨上运动的速度和加速度，熟悉气垫导轨和电脑通用计数器的调节及使用方法，并验证牛顿第二定律。

【实验目的】

(1) 学习电脑通用计数器和气垫导轨的调节和使用方法。
(2) 掌握在气垫导轨上测量滑块运动的速度和加速度的原理和方法。

【实验仪器】

气垫导轨、电脑通用计数器、物理天平、游标卡尺等。

【实验原理】

当物体所受的合外力为零时，物体将保持静止或匀速直线运动状态。如果气垫导轨平直程度和水平程度都很好，而且漂浮于气垫导轨上的滑块受到的气垫层的黏滞性所引起的摩擦和空气阻力都很小，则滑块所受的合外力可近视为零。因此，滑块在气轨上可以静止，或以一定的速度做匀速直线运动。否则，应该想办法判断是摩擦阻力的影响还是气轨平直程度不好造成的。

1. 速度的测量

在滑块上装一遮光板，当滑块经过设在气垫导轨某位置上的光电门时，遮光板将遮挡住照在光电元件上的光线。因为遮光板的宽度一定，遮光时间的长短与滑块通过光电门的速度成反比，若测出遮光时间Δt和遮光板宽度Δl，就可算出滑块通过光电门的平均速度

$$\overline{v} = \frac{\Delta l}{\Delta t} \tag{2.3.1}$$

因电脑通用计数器的单片机具有计算功能，故在选定遮光片宽度后，其速度可直接显示于显示屏上。如果滑块做匀速直线运动，则式 (2.3.1) 表示的平均速度即是滑块运动的速度。显然，滑块通过设置在气垫导轨任一位置的光电门时，电脑通用计数器上显示的平均速度值均相同。

如果滑块作变速运动，则滑块在不同时刻 t（或在气轨上不同位置 x）有不同的速度，为测出滑块在时刻 t（或位置 x）的瞬时速度，应该把遮光板的宽度Δl取得越窄越好，在Δl很小时，就可以把$\Delta l/\Delta t$足够精确地看成滑块经过光电门（时刻或位置）的瞬时速度。当然，遮光板宽度Δl也不能太窄，否则，时间间隔Δt会很短，以至电脑通用计数器无法测量，需要综合考虑测量的准确度问题。

2. 加速度的测量

若滑块在水平方向受一恒力作用，则它将做匀加速度运动。在气垫导轨中间选一段距离 s，并在距离 s 两端设置两个光电门，测出滑块通过距离 s 两端的始末速度 v_1 和 v_2，则滑块的加速度 a 为

$$a = (v_2 - v_1)/(\Delta t) \tag{2.3.2}$$

式中，a 的值可在电脑通用计数器的屏上显示。

3. 验证牛顿第二定律

气垫导轨调平后，用一系有砝码盘的涤纶薄膜带跨过气垫滑轮，如图 2.3.1 所示。

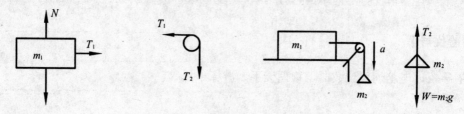

图 2.3.1

若滑块质量为 m_1，砝码盘与盘中砝码质量为 m_2，细线的张力为 T，涤纶带与气垫滑轮的摩擦不计，则有以下关系式

$$T_1 = m_1 a \tag{2.3.3}$$
$$m_2 g - T_2 = m_2 a \tag{2.3.4}$$

由式 (2.3.3)、(2.3.4) 得

$$m_2 g = (m_1 + m_2)a \tag{2.3.5}$$

在式 (2.3.5) 中，令 $M = m_1 + m_2$ 代表系统质量，$F = m_2 g$ 代表系统受的总外力，则得到

$$F = Ma \tag{2.3.6}$$

实验中可先保持总质量 M 不变，改变外力 F，测出系统相应的加速度，若 $F_1/a_1, F_2/a_2, \cdots,$ F_n/a_n 各值在误差范围内皆等于质量 M；然后保持外力 F 不变，改变系统总质量，测量 $M_1 a_1'$，$M_2 a_2', \cdots, M_n a_n'$ 在误差范围内皆等于外力 F，则式 (2.3.6) 得到验证。

【实验内容】

1. 匀速直线运动的观察及速度的测定

① 练习使用电脑通用计数器。先仔细阅读电脑通用计数器说明书，了解仪器的作用和各个按键的作用，掌握仪器的使用方法。

② 将导轨面及滑块内表面用酒精棉擦干净，把滑块放在导轨上，打开导轨端部的开气阀，待导轨充气后，滑块应在导轨表面漂浮自如。

③ 调节导轨水平。使二光电门相距 60～70 cm，距轨端大体相同，开始供气，调节底脚螺旋，使滑块能停在二光电门中间处静止（粗调），然后将滑块从导轨一端用手轻推，测出滑块通过二光电门的速度 v_1、v_2，同时仔细微调导轨支持螺钉，直到电脑通用计数器上的两个读数大致相等为止（一般 v_1、v_2 的相对差异小于 1%即可）。

④ 导轨调平后，给滑块一初速度，分别记下滑块遮光板经过两光电门的速度 v_1、v_2，然

后填入数据表 2.3.1（速度单位为 cm/s）。

表 2.3.1

		$v_1/\text{cm} \cdot \text{s}^{-1}$	$v_2/\text{cm} \cdot \text{s}^{-1}$	$\Delta v/\text{cm} \cdot \text{s}^{-1}$
向左	1			
	2			
向右	1			
	2			

2. 测量滑块在斜面上运动的加速度

① 在进气阀一端的调节螺钉下放置 $h=10.0$ mm 的垫块，将两光电门之间的距离调节为 $s=70.0$ cm，使滑块从导轨的某一位置下滑，分别记下滑块经过两光电门的加速度 a，重复 3 次。

② 将 $h=10.0$ mm 的斜度垫块改为 $h=20.0$ mm 的斜度垫块，调整两光电门的距离 $s=80.0$ cm，重复 3 次。

将上述测量数据列入表 2.3.2 中，将测得的加速度和当地重力加速度沿斜面的分量进行比较，求出相对百分差。

表 2.3.2

h/cm	s/cm	$v_1/\text{cm} \cdot \text{s}^{-1}$	$v_2/\text{cm} \cdot \text{s}^{-1}$	$a/\text{cm} \cdot \text{s}^{-2}$	$\bar{a}/\text{cm} \cdot \text{s}^{-2}$	理论值 $a=gh/x$	相对百分差
1.00	70.00						
2.00	80.00						

3. 验证牛顿第二定律

① 恢复导轨成水平位置，用细线跨过气垫滑轮，把滑块和质量为 5.00 g 的砝码盘连起来，如图 2.3.1，并把要加的 4 个质量各为 5.00 g 的砝码放在滑块之上。

② 调整两光电门之间的距离 $s=50.0$ cm，砝码盘不加砝码时，系统受外力 F（砝码盘的自重），将滑块从进气阀一端自由下滑，分别测出滑块遮光板经过两光电门的 a，重复 3 次。

③ 依次从滑块上取出一个砝码放入砝码盘中，分别测出系统在不同外力作用下所获得的加速度 a。

以上数值填入表 2.3.3。

表 2.3.3

所加砝码质量/g	v_1/cm·s^{-1}	v_2/cm·s^{-1}	a/cm·s^{-2}	$\bar{a}$/cm·s^{-2}	检验数据的线性关系
5.00					
10.0					$\bar{a_2}-\bar{a_1}=$
15.0					$\bar{a_3}-\bar{a_2}=$
20.0					$\bar{a_4}-\bar{a_3}=$
25.0					$\bar{a_5}-\bar{a_4}=$

④ 将滑块换为质量较大的滑块，在砝码盘中只放一个 5.00 g 的砝码，其他条件不变，重复测量 3 次。将数据填入表 2.3.4。

表 2.3.4

	M/g	m/g	v_1/cm·s^{-1}	v_2/cm·s^{-1}	a/cm·s^{-2}	$\bar{a}$/cm·s^{-2}
1		$M+m_e+10.00$				
2		$M+m_e+10.00$				
所测得的实验数据的相对百分差 =			$m_1/m_2=$			

⑤ 用物理天平分别称出滑块与大滑块的质量。

⑥ 关闭电脑通用计数器，将仪器整理复原。

【数据记录及处理】

（1）滑块在气轨上匀速运动。

（2）滑块在斜面上运动的加速度（重力加速度为 $9.78\ \text{m}\cdot\text{s}^{-2}$）

（3）验证物体质量不变时，物体加速度与所受外力成正比。

（4）验证物体所受外力不变时，物体的加速度与质量成反比。

根据表 2.3.3 中数据在坐标纸上画出 $F\text{-}a$ 图线，并求出其斜率。该斜率的物理意义是什么？

【思考题】

（1）式（2.3.6）中的质量 M 是哪几个物体的质量？作用在 M 上的作用力 F 是什么力？

（2）测量滑块沿斜面下滑的加速度时，保持滑块高度一定，若每次开始下滑的位置不同或改用质量不同的滑块，对测量的加速度有无影响？为什么？

（3）在测量中验证物体质量不变时，物体的加速度与外力成正比时，为什么把实验过程中用的砝码放在测块上？

附：海平面上重力加速度的计算公式

$$g = 9.780\ 49(1 + 0.005\ 288\sin^2\varphi - 0.000\ 006\sin^2 2\varphi)$$

式中，φ 为地球纬度。

实验 4　动量守恒和机械能守恒

【实验目的】

（1）熟悉和掌握气垫导轨和电脑通用计数器的使用。

（2）结合实验的分析，明确动量守恒和机械能守恒定律适用的条件，在力学系统中，验证这两个重要定律。

【实验仪器】

气垫导轨、电脑通用计数器、物理天平、游标卡尺等。

【实验原理】

在一力学系统中，如果系统所受的合外力为零，物体系统的总动量保持不变。将两滑块分别放在水平气轨上，并让它们相互碰撞，此时，两滑块组成的力学系统所受合外力为零，根据动量守恒定律有

$$m_1v_1 + m_2v_2 = m_1v_1' + m_2v_2'$$

式中，v_1，v_2，v_1'，v_2' 分别表示质量 m_1 及 m_2 的两滑块碰撞前后的速度。

实验中称出大小两铝滑块，质量分别为 $m_{大}$、$m_{小}$。让两铝滑块相互碰撞，测出各自速度 v_2，v_1，则在完全弹性碰撞时有

$$m_{小}v_1 + m_{大}v_2 = m_{小}v_1' + m_{大}v_2' \qquad (2.4.1)$$

在完全非弹性碰撞时有

$$m_{小}v_1 + m_{大}v_2 = (m_{小} + m_{大})v_{12}' \qquad (2.4.2)$$

式中，v_{12}' 为两滑块碰撞后的共同速度。

对于机械能守恒定律的研究，用如图 2.4.1 所示的力学系统，在忽略导轨和滑块间摩擦力的情况下，除重力外其他力都不做功，系统机械能守恒。若滑块 B 的质量为 m，砝码（包括砝码盘）A 的质量为 m_1，当砝码盘下降一段距离 s 时，

砝码 A 势能减小　　$\Delta E_{pA} = m_1 gs$

滑块 B 势能增加　　$\Delta E_{pB} = mgs \cdot \sin \alpha$

滑块 B 动能增加　　$\Delta E_{kB} = (1/2)mv_2^2 - (1/2)mv_1^2$

砝码 A 动能增加　　$\Delta E_{kA} = (1/2)m_1 v_2^2 - (1/2)m_1 v_1^2$

应用机械能守恒定律有　　$\Delta E_{pA} = \Delta E_{kB} + \Delta E_{kA} + \Delta E_{kB}$

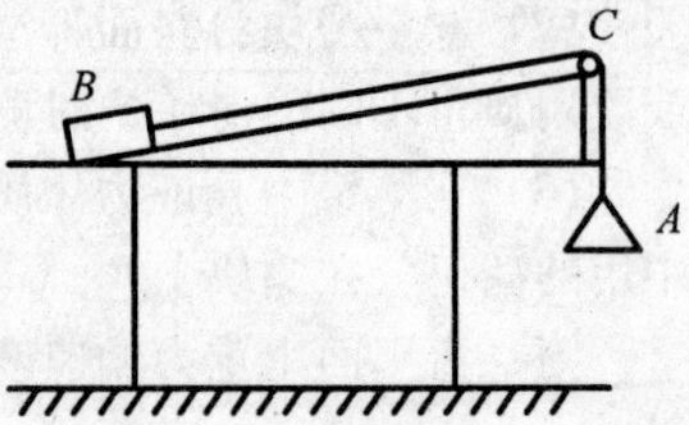

即

图 2.4.1

$$m_1 gs = mgs \cdot \sin \alpha + (1/2)(m + m_1)v_2^2 - (1/2)(m + m_1)v_1^2 \qquad (2.4.3)$$

因此，只要测量滑块、砝码质量及滑块在各种运动状态下的速度，即可对上述二定理进行研究。

【实验内容】

（1）导轨通气后，擦拭导轨和滑块，检查电脑通用计数器是否灵敏可靠。在导轨进气阀一端的调节螺钉下垫上 $h = 2.00$ cm 的垫块，然后将导轨调至水平位置。

（2）调节两光电门之间的距离至 60～80 cm，将两滑块置于导轨的两端，且使滑块上的弹性环相对，用手轻轻推一下置于两光电门之间两滑块，使它们作完全弹性碰撞，分别记下大滑块上的遮光板经过第一、第二个光电门的速度 v_2、v_2' 及小滑块上的遮光板经过第二个光电门的速度 v_1、v_1'。照此法重复 3 次。

（3）将完全弹性碰撞改为完全非弹性碰撞，即把滑块有尼龙搭扣或橡皮泥的一端相对，使碰撞后两滑块粘在一起，其他条件不变。测出大小两滑块上的遮光板经过两光电门的速度 v_2，v_1 以及两滑块粘在一起后，两滑块上的遮光板经过光电门的第一个速度 v_{12}'。按照此法重复 3 次。

（4）从调节螺钉下取出 2.00 cm 的垫块使导轨倾斜，调节两光电门之间的距离 $s = 60.00$ cm，将砝码盘和铝滑块按图 2.4.1 所示力学系统连接。

（5）在砝码盘中加入 15.0 g 的砝码，使其连同盘的总质量为 20.0 g。将滑块放在远离滑轮的导轨的一端，并使其由静止开始运动，分别记下滑块上的遮光板经过第一个光电门的速度 v_1 和经过第二个光电门的速度 v_2。照此方法重复 3 次。

（6）关闭电脑通用计数器，将各仪器整理复原。

【数据记录及处理】

1）完全弹性碰撞

滑块质量　$m_大=$ _____ kg,　$m_小=$ _____ kg

测量次数	v_1/（m/s）	v_2/（m/s）	v_1'/（m/s）	v_2'/（m/s）	碰前动量	碰后动量
1						
2						
3						

2）完全非弹性碰撞

测量次数	v_1/（m/s）	v_2/（m/s）	v_{12}/（m/s）	碰前动量	碰后动量
1					
2					
3					

3）机械能守恒的研究

滑块 m/kg	砝码 m_1/kg	s/m	$\sin\alpha=h/x$	v_1/（m/s）	v_2/（m/s）	ΔE_{pA}/J	$\Delta(E_{pB}+\Delta E_{kA}+\Delta E_{kB})$/J
1							
2							
3							

　　用上面 3 个表格中的数据，按动量守恒和机械能守恒定律计算它们的百分差（一般应在 5%以内），并分析产生误差的主要原因。

【思考题】

　　（1）完全弹性碰撞的特点是什么？证明完全弹性碰撞中两滑块碰撞前的接近速度等于碰撞后的分离速度，即：$v_2-v_1=v_1'-v_2'$，观察你的实验数据是否符合。

　　（2）完全非弹性碰撞的特点是什么？证明本实验的完全非弹性碰撞中（碰撞前 $v_小=0$），碰撞后的动能 E_{k2} 与碰撞前动能 E_{k1} 之比为

$$E_{k2}/E_{k1}=m_大/(m_大+m_小)$$

怎样解释能量损失？

　　（3）机械能守恒的条件是什么？在图 2.4.1 所示的力学系统中，各物体受力有哪些是非保守力？它们是否做功？

实验 5　简谐振动

　　本实验在气垫导轨上观察简谐振动现象，并测定简谐振动周期，同时观察简谐振动系统

中的弹性势能和动能之间相互转化现象，进一步测定和计算它们之间的数量关系。

【实验目的】

（1）掌握在气垫导轨上进行简谐振动，测量振子振动周期的原理和方法。
（2）掌握在气垫导轨上测定弹簧的弹性系数的方法。
（3）进一步掌握气垫导轨系统、电脑通用计数器、物理天平、卡尺等的使用方法。

【实验仪器】

气垫导轨、电脑通用计数器、物理天平、游标卡尺等。

【实验原理】

若在气垫导轨上放置一滑块，用两个弹簧分别将滑块和气轨两端连接起来，如图 2.5.1（a）所示。选滑块的平衡位置为坐标原点 O，当气垫导轨充气后，将滑块由平衡位置准静态移至某 A 点，其位移为 x，此时滑块一侧弹簧被压缩，另一侧被拉长，如图 2.5.1（b）所示，若弹簧的弹性系数分别为 k_1、k_2，则弹簧的弹性力为

$$F = -(k_1 + k_2)x \tag{2.5.1}$$

式中，负号表示力与位移的方向相反。由于滑块和气垫导轨间的摩擦很小，可以略去。而在竖直方向上滑块所受重力和支持力平衡，滑块仅受到在 x 方向上的恢复力（即弹性力 F）的作用，这时系统将作简谐振动，滑块离开平衡点的最大位移称为谐振动的振幅 A。

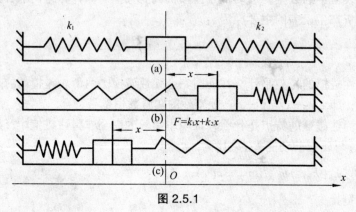

图 2.5.1

这时动力学方程为

$$-(k_1 + k_2)x = m\frac{\mathrm{d}^2 x}{\mathrm{d}t^2} \tag{2.5.2}$$

令 $\omega^2 = (k_1 + k_2)/m$，则方程改写为

$$\frac{\mathrm{d}^2 x}{\mathrm{d}t^2} + \omega^2 x = 0$$

解之得

$$x = A\cos(\omega t + \phi) \tag{2.5.3}$$

式中，ω 称为圆频率，它与每秒振动次数 ν（频率）的关系为 $\nu = \dfrac{\omega}{2\pi}$，从而简谐振动周期为

$$T = \frac{1}{\nu} = \frac{2\pi}{\omega} = 2\pi\sqrt{\frac{m}{k_1 + k_2}} \tag{2.5.4}$$

将式（2.5.3）对时间求导数，可得滑块运动速度

$$v = \mathrm{d}x / \mathrm{d}t = -\omega A \sin(\omega t + \varphi) \tag{2.5.5}$$

由于滑块只受弹性力作用，因此系统振动过程中机械能守恒。设滑块在某位置 x 处的速度为 ν，则系统在该位置处的总能量应是

$$E = E_p + E_k = (1/2)(k_1 + k_2)x^2 + (1/2)mv^2 \tag{2.5.6}$$

把式（2.5.3）和（2.5.5）代入式（2.5.6）中有

$$E = (1/2)m\omega^2 A^2 = (1/2)(k_1 + k_2)A^2 \tag{2.5.7}$$

式中，m、k_1、k_2、A 都是常量，说明尽管振动过程中动能、势能不断随时间变化，但机械能总和保持不变。

实验中若将滑块移至 a 点作为起始点，初速度 $v=0$，位移 $x_{\max} = A$，则该点处动能为零，系统总能量即为弹性势能 $E = (1/2)(k_1 + k_2)A^2$。当滑块运动到平衡位置 O 点时，位移 $x=0$，而速度有最大值 $v_{\max}$，该点势能为零，系统总能量转化为动能，即 $E = (1/2)mv_{\max}^2$。因此，只要测出起始位置的最大位移或平衡位置 O 点的滑块速度，即可算出振动系统的总能量 E。

【实验内容】

1. 测量弹簧的弹性系数

① 打开电脑通用计数器，拨至 T 周期挡，气垫导轨充气后，把滑块置于气轨上并将调节导轨水平。

② 如图 2.5.2 所示，将被测弹簧系于导轨和滑块之间，滑块再通过尼龙细线绕过气轨滑轮吊一砝码盘，盘内加上 45 g 砝码使弹簧预先伸长，记下滑块位置 x_1，然后依次加 20 g、40 g、60 g 的砝码并分别记下滑块的位置 x，把数据记入表格。

③ 改换第二根弹簧，重复②的内容，以测出 k_2。

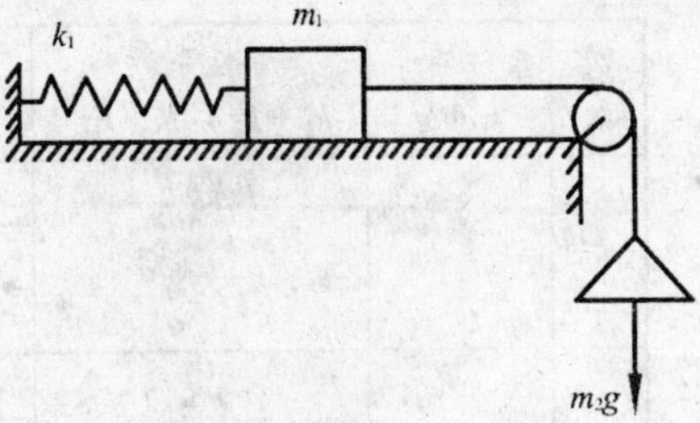

2. 测谐振动周期

① 用已知弹性系数的两根弹簧及滑块按图 2.5.1 装置力学系统。使滑块从平衡位置向右（或向左）移动 x_1（cm），放手后仔细观察系统的运动情况并用电脑通用计数器记下滑块完成 50 次全振动所用的时间，将数据记入表格内。

② 改变初始位移（即振幅）分别为 x_2（cm）、x_3（cm），重复①的内容，最后算出谐振动周期的平均值。

图 2.5.2

3. 测振动系统的能量

① 将电脑通用计数器选择开关拨至 S_1 挡, 把光电门移至系统平衡位置 x_0 (cm) 处, 加一光电门置于距 x_0 (cm) 点大约 20 cm 的 x_1 处, 给滑块 m 一个适当的初位移 $x - x_0$ ($|x - x_0| > |x_1 - x_0|$), 然后放手, 滑块开始振动, 记录滑块通过 x_0、x_1 的速度。

② 给滑块不同的初位移 x'、x'', 重复①内容。

③ 用天平称出滑块连同弹簧的质量, 计算滑块系统在 x、x_0、x_1 各位置处的总机械能并加以比较。

【数据记录及处理】

(1) 测量弹簧弹性系数。

弹簧	初始位置 x_1/m	加砝码后位置 x/m	伸长量 $(x - x_1)$/m	弹性系数 k/N·m^{-1}	$\bar{k}$/N·m^{-1}
1		20 g			
		40 g			
		60 g			
2		20 g			
		40 g			
		60 g			

(2) 测量谐振动周期。

	50 周期时间/s	周期 T/s	$\bar{T}$/s	理论值 T'/s (见式 5.4)	相对百分差 $\dfrac{|T' - \bar{T}|}{T'} \times 100\%$
x_1					
x_2					
x_3					

(3) 测谐振系统能量。

次数	系统质量 m/kg	弹性系数 $(k_1 + k_2)$/N·m^{-1}	位置 x/m	速度 v/ms^{-1}	动能 E_k/J	势能 E_p/J	总能 $E (E_k + E_p)$/J
1							
2							
3							

【思考题】

(1) 观察本实验中振动现象,指出系统在何处受力最大,何处受力最小;何处速度最大,何处速度最小;何处加速度最大,何处加速度最小。

(2) 仔细观察滑块振动的振幅有无衰减,并分析原因。

(3) 若将气垫导轨由水平改为倾斜状态,观察滑块的振动,此时与水平放置有无区别?振动周期是否相同?是否为谐振动?并写出振动方程。

实验 6　用三线摆测物体的转动惯量

【实验目的】

(1) 掌握三线摆测定转动惯量的原理和方法。

(2) 验证平行轴定理。

【实验仪器】

水准仪、三线摆、米尺、游标卡尺、天平、停表(或数字毫秒计)、待测物(圆环、外形尺寸及质量相同的圆柱体 2 个)。

【实验原理】

转动惯量是物体转动惯性的量度。物体对某轴的转动惯量越大,则绕该轴转动时,角速度就越难改变。物体对某轴的转动惯量的大小,取决于物体的质量、形状和转轴的位置。对于质量分布均匀、外形不复杂的物体可以从外形尺寸及其质量求出其转动惯量,而外形复杂和质量分布不均匀的只能从回转运动中去测得。三线摆法是通过扭转运动测量转动惯量的一种方法。

如图 2.6.1 所示三线摆,是将半径不同的两个圆盘用三条等长的线联结而成。将上盘吊起时,两圆盘面均被调节成水平,两圆心在同一垂直线 O_1O_2 上。下盘 P 可绕中心线 O_1O_2 扭转,其扭转周期 T 和下盘 P 的质量分布有关,当改变下盘的转动惯量和其质量的比值,即改变其质量分布时,扭转周期将发生变化。三线摆就是通过测量它的扭转周期去求出任一已知质量物体的转动惯量。

设下圆盘 P 的质量为 m,当它绕 O_1O_2' 扭转一小角度 θ 时,圆盘的位置升高 h,它的势能增加为 E_p,则

$$E_p = m_0 g h \tag{2.6.1}$$

式中,g 为重力加速度。这时圆盘的角速度为 $\mathrm{d}\theta/\mathrm{d}t$,它具有的动能 E_k 等于

$$E_k = \frac{1}{2} I_0 \left(\frac{\mathrm{d}\theta}{\mathrm{d}t} \right)^2 \tag{2.6.2}$$

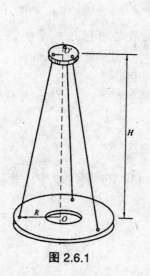

图 2.6.1

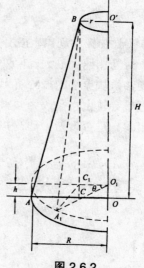

图 2.6.2

I_0 为圆盘对 O_1O_2' 轴的转动惯量，如果略去摩擦力，则按机械能守恒定律，圆盘的势能与动能之和应等于一常量，即

$$\frac{1}{2}I_0\left(\frac{\mathrm{d}\theta}{\mathrm{d}t}\right)^2 + m_0gh = 常量 \tag{2.6.3}$$

设悬线长为 l，上盘悬线距圆心为 r，下圆盘悬线距圆心为 R，当下圆盘转一角度 θ 时，从上圆盘 B 点作下圆盘垂线，与升高 h 前、后的下圆盘分别交于 C 和 C'，如图 2.6.2 所示，则

$$h = \overline{BC} - \overline{BC'} = \frac{(\overline{BC})^2 - (\overline{BC'})^2}{\overline{BC} + \overline{BC'}} \tag{2.6.4}$$

因为

$$(\overline{BC})^2 = (\overline{AB})^2 - (\overline{AC})^2 = l^2 - (R-r)^2$$
$$(\overline{BC'})^2 = (\overline{A'B})^2 - (\overline{A'C'})^2 = l^2 - (R^2 + r^2 - 2Rr\cos\theta)$$

所以

$$h = \frac{2Rr(1-\cos\theta)}{\overline{BC} + \overline{BC'}} = \frac{4Rr\sin^2\dfrac{\theta}{2}}{\overline{BC} + \overline{BC'}} \tag{2.6.5}$$

在扭转角较小时，$\sin\dfrac{\theta}{2}$ 近似等于 $\dfrac{\theta}{2}$，而 $(\overline{BC} + \overline{BC'})$ 可近似为两盘间距离 H 的 2 倍，则

$$h = \frac{Rr\theta^2}{2H} \tag{2.6.6}$$

将式 (2.6.6) 代入式 (2.6.3)，对 t 微分，可得

$$I_0\frac{\mathrm{d}\theta}{\mathrm{d}t}\cdot\frac{\mathrm{d}^2\theta}{\mathrm{d}t^2} + m_0g\frac{Rr}{H}\theta\frac{\mathrm{d}\theta}{\mathrm{d}t} = 0$$

即

$$\frac{\mathrm{d}^2\theta}{\mathrm{d}t^2} = -\frac{m_0 gRr}{I_0 H}\theta \tag{2.6.7}$$

这是一简谐振动方程，该振动的角频率 ω 的平方应等于

$$\omega^2 = \frac{m_0 gRr}{I_0 H}$$

而振动周期 T_0 等于 $\frac{2\pi}{\omega}$，所以

$$T_0^2 = \frac{4\pi^2 I_0 H}{m_0 gRr} \tag{2.6.8}$$

由此得出

$$I_0 = \frac{m_0 gRr}{4\pi^2 H} T_0^2 \tag{2.6.9}$$

实验时，测出 m_0、R、r、H 及 T_0，就可以由式（2.6.9）求出圆盘的转动惯量 I_0。如在下盘上放上另一个质量为 m，转动惯量为 I（对 $O_1 O_2$ 轴）的物体时，测出周期为 T，则有

$$I + I_0 = \frac{(m + m_0)gRr}{4\pi^2 H} T^2 \tag{2.6.10}$$

式（2.6.10）减去式（2.6.9），得出被测物体的转动惯量等式

$$I = \frac{gRr}{4\pi^2 H}[(m + m_0)T^2 - m_0 T_0^2] \tag{2.6.11}$$

由式（2.6.11）可知，各物体对同一轴的转动惯量满足线性相加减的关系。

【实验内容】

（1）用水准仪检查三线摆下盘是否水平，如不水平要调节到水平。

（2）测量下圆盘的转动惯量 I_0。

轻轻转动铁架，使圆盘获得一个小冲量而来回自由转动。待到下盘作稳定摆动时（必须使下盘只做扭转振动，并且摆角很小，一般在 5°左右，而不出现前后、左右的摆动），用停表测出它来回摆动 50 次所需要的总时间。重复三次，算出周期的平均值 T_0。

测出上、下两盘的距离 H，上盘的半径 r 及下盘的半径 R，称出（或记下）圆盘的质量 m_0，按式（2.6.9）可得出 I_0，并将此测量值与计算值 $I_0' = \frac{1}{2}m_0 R^2$ 比较，二者的差异是否超过误差范围，若差异较大要分析原因。

（3）测量待测圆环的转动惯量 I（轴线通过圆心垂直圆面）。

将待测圆环和三线摆的下盘同心的放置在三线摆下盘上，测出此时的摆动周期 T（方法

同上)。测出待测圆环的内外半径 $r_内$、$r_外$ 及其质量 m。按式（2.6.11）可得出圆环转动惯量 I（对其中心轴的）。

（4）验证转动惯量的平行轴定理。

将两个相同的圆柱体对称地置于下圆盘上，如图 2.6.3 所示，圆柱体的中心到下圆盘中心 O 的距离为 d。若圆柱体的质量为 m_1，对圆柱轴线的转动惯量为 I_1[可通过步骤（3）测得]。则根据平行轴定理，如图放置柱体时，下圆盘加圆柱体后的转动惯量为

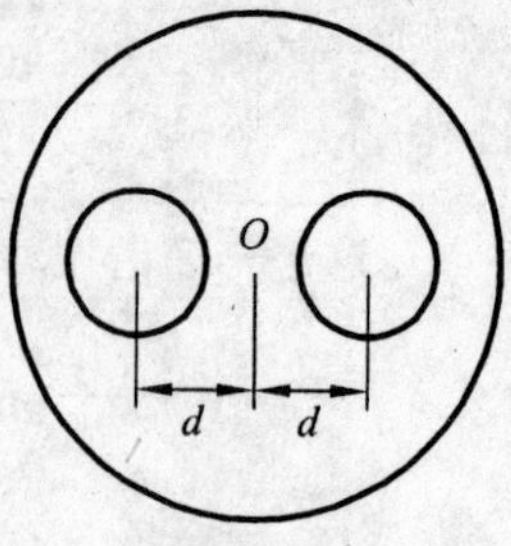

$$I_0 + 2(I_1 + md^2)$$

图 2.6.3

测出 d 取不同值时的下圆盘加圆柱体的转动惯量，与上式所求出的理论值进行比较，若差异较大要分析原因。

【数据记录及处理】

（1）测出上、下两盘的距离 H、上盘的半径 r 及下盘的半径 R。

测量序次	l	R	r	m_0
1				
2				
3				
4				
5				
平均				

$H \approx \sqrt{l^2 - (R-r)^2} =$

（2）测下圆盘的转动惯量。

测量序次	t_0	T_0
1		
2		
3		

$T_{0\,平均} =$ 　　　　　　$I_0 =$

（3）测待测圆环的转动惯量。

测量序次	m	$r_内$	$r_外$	t	T
1					
2					
3					
4					
平均					

$I =$

40

（4）测圆柱对与自身轴线的转动惯量。

测量序次	m_1	r_1	t_1	T_1
1				
2				
3				
4				
平均				

$I_1 =$

（5）验证平行轴定理。

			1	2	3	平均
d		t_2				
		T_2				
		t_2				
		T_2				

$I_2 =$

【思考题】

（1）将一半径小于下圆盘半径的圆盘放在下圆盘上，并使中心一致，试讨论此时三线摆的周期和空载时的周期相比是增大、减小还是不一定，说明理由。

（2）你能否考虑一测量方案，测量一个具有轴对称的不规则形状的物体对对称轴的转动惯量？

（3）从式（2.6.9）的推导过程考虑，在此实验中应注意哪些问题？

（4）你是否能用其他的方法验证平行轴定理？

实验 7 拉伸法测金属丝的杨氏弹性模量

杨氏弹性模量（以下简称杨氏模量）是描述固体弹性材料抵抗形变能力的重要物理量，是选定机械、工程构件材料的重要依据之一，是工程技术中的重要参数。

【实验目的】

（1）学会用拉伸法测定金属丝杨氏模量的原理和方法。

（2）学会用光杠杆放大法测量长度的微小变化量的原理和方法。

（3）掌握用逐差法和作图法处理实验数据的方法。

【实验仪器】

杨氏模量测定仪（包括主体支架、光杠杆、望远镜尺组、砝码组）、直尺、钢卷尺、螺旋测微计等。

【实验原理】

固体在外力作用下形状发生变化，叫形变。当外力在一定限度内停止作用后，形变完全消失叫弹性形变；当外力超过某一限度时，形变不能全部消除，即留有剩余形变，叫塑性形变。若逐渐增加外力到某一限度时，材料将开始出现剩余形变，这就叫达到了材料的弹性限度。

最简单的形变是棒状物体受力时的伸缩。棒的伸长量 ΔL 与原长 L 的比值叫应变（即单位长度上的伸长量），棒所受的作用力 F 与其横截面面积 S 的比值叫应力（即单位横截面上所受的力，且作用力方向与棒轴方向相同）。

根据胡克定律：任何固体材料在其弹性限度内，应力与应变成正比，即

$$\frac{F}{S} = Y\frac{\Delta L}{L}$$

式中的比例系数 Y 就叫材料的杨氏弹性模量，即

$$Y = \frac{LF}{S\Delta L} = \frac{mgL}{S\Delta L} \tag{2.7.1}$$

式中，mg 是钢丝下端所受的重力（挂砝码），也即钢丝所受到的外力；L 是受作用力前的棒长；ΔL 是受作用力后原长 L 的伸（缩）量，$S = \frac{\pi}{4}d^2$；d 为受作用力前棒长的平均直径。故制成钢丝的材料的杨氏模量为

$$Y = 4Lmg/(\pi d^2 \Delta L) \tag{2.7.2}$$

所以，只要测出 L、m、d、ΔL 即可求出 Y。这里 m 为砝码总质量（每个砝码为 1 kg，$\Delta m = \pm 3$ g），L、d 极易测量。ΔL 除可用千分表直接测量外，也可用光杠杆放大法间接测量。在国际单位制中，杨氏模量 Y 的单位是牛顿/米^2，有时也可用达因/厘米^{2}表示。

【仪器介绍】

1. 杨氏模量测定仪

杨氏模量测定仪如图 2.7.1 所示。它由三个高度可调的支脚固定一底座，底座上紧固有两根立柱，立柱的中部装有一个可沿柱上、下滑动的平台（用以改变金属丝两夹头之间的距离），并可由两侧的紧固螺钉将平台紧固在立柱的某一位置上；两立柱的顶部有支架，支架也可沿立柱上、下滑动，并用螺钉紧固，支架的中部有一夹头夹住金属丝的上端，金属丝的下端由平台通孔中的夹头夹住，夹头的下端拧接砝码钩，砝码钩上挂砝码盘，砝码可置于砝码盘上。当砝码盘上的砝码增加或减少 m 时，金属丝的下夹头就下降或升高 ΔL。

2. 光杠杆和望远镜尺组

光杠杆放大机构主要由光杠镜、望远镜和标尺三部分组成，如图 2.7.1 所示。

光杠镜：它由一个平面反射镜 A′ 和一个三脚架 B′ 组成，如图 2.7.2（a）所示。镜 A′ 用螺钉 C′ 紧固在半圆形镜框上，镜的下方有两个对称的尖脚 O_1、O_2，在 O_1O_2 的中垂线处有与主杆 D′ 相连的尖脚 O_3。光杠杆的短臂（用符号 b 表示）是 O_3 至 O_1O_2 的垂直距离，如图 2.7.2（b）中的 b。其长臂用光学机构或叫光线来代替，用符号 D 表示，其长度为光杠镜面至标尺刻度面之间的距离。

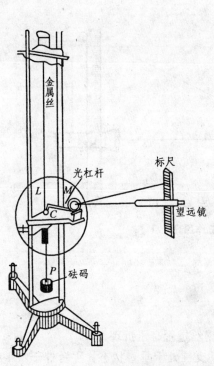

图 2.7.1　杨氏模量测定仪

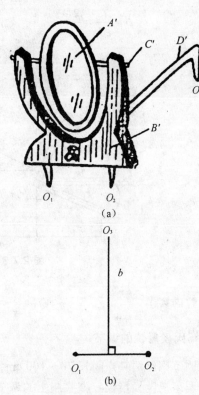

图 2.7.2　光杠镜

实验时，将光杠镜的尖脚 O_1、O_2 置于平台的横沟槽中，O_3 置于金属丝下夹头的顶平面上，当外力改变时，O_3 尖脚随之升降，脚架和镜面就会绕 O_1O_2 为轴线转动一角度 θ_3，故光杠杆的支点就是 O_1O_2 的中点，而 O_3 是短臂的末端。望远镜正对着光杠镜镜面，从望远镜可分别看到 O_3 升降前后的标尺读数。

图 2.7.3 是光杠杆放大原理示意图。若在初始外力 $F_0 = m_0g$ 作用时，把钢丝拉直，此时光杠镜面铅垂，望远镜光轴呈水平且正对反射镜心，标尺铅垂，则望远镜中此时的标尺读数为 n_0。即从标尺 n_0 处发出的光经反射镜垂直反射后回到望远镜视场的中心；当外力增至 F_1（即砝码增至 m_1）时，O_3 尖脚下降 ΔL 的距离，反射镜面偏转 θ 角，此时从标尺 n_1 处发出的光经反射镜面反射后到望远镜视场的中心，即此时读出的标尺读数为 n_1。这就说明 ΔL 的大小与 $n_1 - n_0$ 的大小有关。从图中可知 $\tan\theta = \Delta L / b$，$\tan 2\theta = \dfrac{n_1 - n_0}{D} = \dfrac{l_1}{D}$，当 θ 很小时，$\tan\theta \approx \theta$，$\tan 2\theta \approx 2\theta$，所以 $\theta \approx \Delta L / b$，$2\theta \approx l_1 / D = 2(\Delta L / b)$，即

$$\Delta L = bl_1 / 2D \qquad\qquad (2.7.3)$$

式中，l_1 是光杠杆长臂末端的位移（$l_1 = n_1 - n_0$）。将式（2.7.3）代入式（2.7.2）得

$$Y = \frac{8LDg}{\pi d^2 b} \cdot \frac{m}{l_1} \qquad\qquad (2.7.4)$$

光杠杆放大法的放大倍数为

$$\beta = \frac{l_1}{\Delta L} = \frac{2D}{b}$$

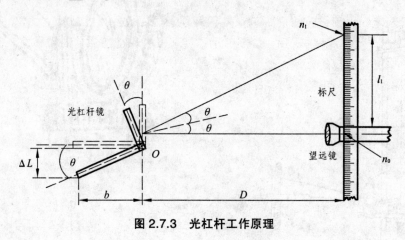

图 2.7.3　光杠杆工作原理

【实验内容】

1. 杨氏模量仪的调节

① 调节钢丝两夹点间长 70～100 cm，并检查钢丝是否有扭折现象。

② 调节杨氏模量仪三脚底座上的调节螺丝，使支柱处于垂直状态，平台处于水平状态。

③ 在砝码托上加一定量的初载荷（以砝码 1 kg 代替），把金属丝拉直，并使金属丝与上下夹具以及平台圆孔的轴线都重合，再调节平台高度，使下夹具的上端稍稍露出平台圆孔之上。注意检查金丝下夹具能否在平台的孔中上下自由地滑动。

④ 将光杠镜架的 O_1、O_2 脚尖置于平台横沟槽底，O_3 脚尖置金属丝下夹头顶部平面上，但不得接触金属丝。同时还要检查 O_1、O_2、O_3 是否大致在同一水平面。

2. 光杠杆及望远镜尺组的调节

① 外观对准。将望远镜尺放在离光杠杆镜面 1.5～2 m 处，并使两者在同一高度，调整光杠杆镜面与平台面垂直。望远镜成水平，并与标尺垂直。

② 镜外找像。从望远镜上方观察光杠杆镜面，应看到镜面中有标尺的像。若没有标尺的像，可左移动望远镜尺组或微调光杠杆镜面的垂直程度，直到能观察到标尺的像为止。只有这时，来自标尺的入射光才能经平面镜反射到望远镜内。

③ 镜内找像。先调望远镜目镜，看清叉丝后，再慢慢调节调焦手轮，直至看清标尺的像。

④ 消除视差。眼睛相对于目镜作上、下、左、右的微小移动，看标尺刻度线相对于视场中的十字叉丝有无移动，若有则有视差，必须尽量减少甚至消除。

⑤ 细调对零。仔细调整光杠杆镜面或者调节望远镜的俯仰螺丝，使标尺零刻度线或某一整数刻度线位于分化板（十字叉丝）中间。

3. 测 量

(1) 测 n：反复检查以上调节均达要求之后，就可以开始以下的测量：

① 零点位置的确定。在起始负荷下，先调 $n_0 = 0.00 \text{ cm}$，再加上所要加的全部砝码，看视场中十字叉丝的水平线是否超出标尺刻度范围，否则要将零点调至标尺 0 点相反方向比超出范围稍大的刻度线，读记起始负荷下的 n_0 值（注意正、负号）。

② 每次增加一个 1 kg 的砝码，加码时动作要轻缓，并注意质量的对称性，使砝码缺口相对叠放，依次测记对应的标尺读数至 n_7 止。

③ 按砝码减少的方向，从 n_7' 起依次每减一个定值砝码（动作轻缓，防止振动），读、记一个 n'，直至 n_0' 止。

④ 分析每加（或减）一个砝码的 n（或 n'）的变化是否正常，同一负荷下的 n 与 n' 的差值是否正常；如果不正常，要找出原因，如在起始负荷下钢丝是否有扭折现象，上、下夹头是否夹紧，立柱铅垂是否破坏，实验中是否撞击了仪器，平面镜望远镜是否紧固等，然后重调重测。

(2) 测 d：记下千分尺的"零点示值"，在起始负荷下，把钢丝在 L 长内等分为 5 处，在每处相互垂直的方向上各测一直径 d，共测 10 个数据。

(3) 测 L：用米尺测钢丝两夹点之间的距离 L 一次，若测量条件较差，ΔL 可取 $1 \sim 2 \text{ mm}$。

(4) 测 D：用 $0 \sim 2 \text{ m}$ 的钢卷尺测量光杠镜面至标尺刻度面之间的距离 D 一次，ΔD 可取 1 mm。

(5) 测 b：用一张白纸平铺在桌面上，取下光杠镜架，让三个尖脚轻压在纸上得清晰细小的压痕为止。再把光杠镜架用活结拴在立柱上，按图 2.7.2 (b) 所示连 $O_1 O_2$，自 O_3 作 $O_1 O_2$ 的垂线，用游标卡尺测记 b 一次。注意图要画准，点线要细。

(6) 记录每增（或减）一个砝码的质量数和误差。

【数据记录及处理】

(1) 数据记录（见表 2.7.1 至表 2.7.3）。

表 2.7.1　钢丝外径 d

测量仪器	千分尺	
分度值/mm	0.01	
零点示值/mm		
i	d_i/mm	Δd_i/mm
1		
2		
3		
⋮		
平均/mm		

表 2.7.2 L、D、b

测量仪器	米 尺	钢卷尺	10 分度卡尺
量 程	$0 \sim 1$ mm	$0 \sim 2$ m	$0 \sim 10$ cm
分度值/mm	1	1	0.1
被测量名称	L	D	b
测量值/mm			
绝对误差/mm			

表 2.7.3 金属丝受力后光杠杆镜尺中读数值 n_i

测量次数	载荷 F_I/kg	望远镜中读数值 n_i/mm			荷重增量 4 kg 镜内标尺读数变化/mm	
		增重时 n_i	减重时 n_i'	平均值 $\overline{n_i}$	$l_i = n_m - n_n$	Δl_i
0	0					
1	1.00				$l_1 = \overline{n_4} - \overline{n_0} =$	
2	2.00					
3	3.00				$l_2 = \overline{n_5} - \overline{n_1} =$	
4	4.00					
5	5.00				$l_3 = \overline{n_6} - \overline{n_2} =$	
6	6.00					
7	7.00				$l_4 = \overline{n_7} - \overline{n_3} =$	
平 均						

（2）数据处理。

① 用逐差法处理 n。

② 用作图法处理数据。

把测量公式（2.7.4）式改写为

$$l = \frac{8LDg}{\pi d^2 bY} m = \alpha m$$

其中，$\alpha = \dfrac{8LDg}{\pi d^2 bY}$。在既定的实验条件下，$\alpha$ 是一个常数，若以 $l_i = n_i - n_0$（$n_i = 0$，1，2，…，7）为纵坐标，m_i 为横坐标，作图应得一条直线，其斜率为 α，由图上得到 α 的数值后，可计算出杨氏模量 Y，即

$$Y = \frac{8LDg}{\pi d^2 b\alpha}$$

③ 误差处理。

46

$$\frac{\Delta E}{E} = \frac{\Delta m}{m} + \frac{\Delta L}{L} + \frac{\Delta b}{b} + \frac{\Delta D}{D} + 2\frac{\Delta d}{d} + \frac{\Delta(n-n_0)}{(n-n_0)}$$

实验中，$\Delta m / m$、$\Delta L / L$ 和 $\Delta D / D$ 较小，可以忽略，即相对误差为

$$\frac{\Delta E}{E} = \frac{\Delta b}{b} + 2\frac{\Delta d}{d} + \frac{\Delta(n-n_0)}{|n-n_0|}$$

故应先求出相对误差，然后求绝对误差。

【注意事项】

(1) 注意保护光学元件，尤其是不要碰掉光杠杆。
(2) 调节仪器时，不要急于从望远镜中找像，必须先在镜外找到标尺的反射像。
(3) 调节好仪器后，在实验过程中不能再移动位置和碰动。
(4) 加减砝码时要轻拿轻放，不要碰动光杠杆，同时砝码槽口应交叉放置。

【思考题】

(1) 本实验中按式（2.7.4）测 Y，必须满足哪些实验条件？这些条件是如何提出的，实验中是怎样考虑的？
(2) 本实验是长度的综合测量，怎样考虑各长度为什么可选用不同的测长仪器和方法？
(3) 用逐差法处理数据的优点是什么？应注意什么问题？
(4) 光杠杆有什么优点？怎样提高光杠杆测量微小长度变化的灵敏度？
(5) 材料相同，但粗细、长短不同的两根钢丝，它们的杨氏模量是否相同？

附表：20 ℃ 时某些金属的弹性模量（杨氏模量）

金 属	杨氏模量/（kgf/mm²）
铝	7 000～7 100
钨	41 500
铁	19 000～21 000
铜	10 500～13 000
金	7 900
银	7 000～8 200
镍	20 500
合金钢	21 000～22 000
碳 钢	20 000～21 000
康 铜	16 300

实验 8　液体表面张力系数的测定

【实验目的】

（1）熟悉用拉脱法测量室温下水的表面张力系数的方法。
（2）学习用焦利秤测量微小力的原理和方法。

【实验仪器】

焦利秤、Π形金属丝框、砝码、烧杯、蒸馏水、镊子、温度计、游标卡尺。

【实验原理】

1. 表面张力和表面张力系数

表面张力是存在于液体表面层内使表面积缩小的一种相互作用力，是分子力的一种表现。从微观上看，液体内部的分子受到所有方向上其他分子的吸引力，其合力为零。而在液体表面层内，由于液面上方为气相，分子数很少，分子受到的指向液体内部的吸引力要大于指向液体外部的吸引力，其合力不为零，即液体表面层内的分子将受到指向液体内部方向的吸引力，使液体表面积倾向于尽可能缩小而产生表面张力。从宏观上看，液体表面处在沿表面的、使表面积收缩的力作用下，就像一张拉紧了的弹性膜。

由于表面张力，液体表面任一线段两边的液面将以一定的拉力 f 相互作用，力的方向与线段垂直，其值与线段长度 L 成正比，即

$$f = aL$$

式中，a 称为表面张力系数，表面张力系数是表征液体表面张力大小的物理量，其值等于液体表面上某一单位长度线段两旁液体的相互张力。液体的表面张力系数与液体的成分、纯度、温度及其上方的气体成分等有关，通常随温度的升高而减小。

利用表面张力能够解释许多现象，如润湿现象、毛细现象及泡沫的形成等。在日常生活和工业技术上（如热管技术、浮选技术、液体输送技术等领域）都要对液体的表面张力进行研究。

2. 用拉脱法测量液体表面张力系数

测量液体表面张力系数的方法有拉脱法、毛细管升高法和液滴测重法等。拉脱法是一种直接测量法，它的基本原理是利用物体的弹性形变（伸长或扭转）来量度表面张力的大小，进而测出表面张力系数。

将挂在弹簧下端的Π形金属丝竖直地浸入水中，令其底面保持水平，然后轻轻地提起，可以看到细丝和液面间形成一层薄膜，如图 2.8.1 所示。

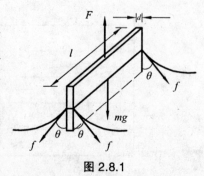

图 2.8.1

由于液面收缩而产生沿切线方向的力 f 称为表面张力，θ 为接触角。继续缓缓提起Π形金属丝时，接触角 θ 逐渐减小而趋于零，表面张力 f 也趋于垂直向下。当 Π 形金属丝刚要脱离液膜时，作用于Π形金属丝上的力有表面张力 f、弹簧拉力 F 和重力 mg，则有

$$F = mg + f \tag{2.8.1}$$

其中，表面张力 f 与接触面周长 $2(L+d)$ 成正比，故有 $f = 2a(L+d)$，式中，a 称为表面张力系数，即作用在液体表面单位长度上的力。将 f 代入式（2.8.1），得到表面张力系数公式

$$a = \frac{F - mg}{2(L+d)} \tag{2.8.2}$$

根据胡克定律，弹簧伸长量与所加外力成正比，设弹簧空载时读数为 x_0，下端载重时读数为 x，得

$$F - mg = k(x - x_0) \tag{2.8.3}$$

式中，k 为弹簧的倔强系数。将式（2.8.3）代入式（2.8.2），得

$$a = \frac{k(x - x_0)}{2(L+d)} \tag{2.8.4}$$

由于 $L \gg d$，所以张力系数的计算公式是

$$a = \frac{k(x - x_0)}{2L} \tag{2.8.5}$$

【仪器介绍】

焦利秤如图 2.8.2 所示，在装有水平调节螺丝的三足座上，竖直装一金属套管，套管顶端安装有 10 分格的游标，套管内插入有毫米刻度尺的铜管，游标和毫米刻度尺构成一精度为 0.1 mm 的游标尺。旋转旋钮，通过套管和铜管内的滑轮和绳索，可以调节铜管升降。铜管顶端的横梁下，用螺丝（P）固定轻弹簧上端，弹簧下端挂指示镜，指示镜穿过被夹子夹住的指示管，下端再挂铝盘、金属丝线框。套管上另有一夹子夹住平台的支架，旋转螺丝（M）可以调节平台高度。

焦利秤实际上是一个精细的弹簧秤，利用轻弹簧受到很小的力就能伸长可观的长度来测量微小力。测量时要求调节旋钮，使指示镜上刻度线、指示管上刻度线、指示管上刻度线在指示镜中的像三线重合（称"三线对齐"），用这种方法保持弹簧下的下端位置不变，若弹簧受力 F 伸长 ΔL，就使弹簧上端向上移 ΔL（即铜管上升 ΔL），由伸长前后游标尺上两读数之差即可求出 ΔL 值。

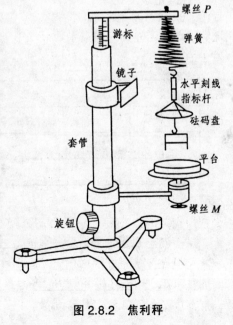

图 2.8.2　焦利秤

根据胡克定律，在弹性限度内弹簧伸长 L 与所受外力 F 成正比，即 $F=kL$。对于某一特定弹簧，k 值是一定的。用一定质量的砝码加在铝盘中，测出弹簧伸长量，就可计算出该弹簧的 k 值，这一步骤称为"焦利秤的校准"。焦利秤校准后，只要测出弹簧的伸长量就可算出使之伸长的外力的大小。

【实验内容】

1. 测定弹簧的倔强系数

先调节好仪器，按图 2.8.2 所示挂好轻弹簧、指示镜和铝盘。调节水平调节螺丝、横梁上螺丝（P）、套管上夹子的方位等，使套管竖直、指示镜位于指示管中央且不与管壁接触，镜面及横刻线正对测量者。这时弹簧将与套管平行，在铝盘上加质量为 m 的砝码，旋转旋钮使铜管升降以达到"三线对齐"，读出游标尺的读数 L_1，之后每加质量为 m 的砝码，重新调到三线对齐，分别记下标尺读数 L，直到加至 $5m$ 后，再逐次减下来。将数据按所加砝码多少分成两组，用分组逐差法，求出弹簧的弹性系数 k。

2. 测定水的表面张力系数

将 Π 形丝用酒精洗净烘干，挂在铝盘下端，配合升降旋钮，使"三线对齐"，再将盛蒸馏水的烧杯放在平台上，旋转平台下面的螺丝（M）移动平台，使平台上下移动至 Π 形丝全部浸入水中，且保持"三线对齐"，使 Π 形丝水平边恰与水面平齐，记下读数 x_0，然后缓缓转动 G，使 Π 形丝露出水面，直到 Π 形丝拉起的薄膜恰好破裂为止，记下读数 x，这样可以得出弹簧伸长量 $(x-x_0)$。依照上面的方法重复测量 5 次。

用游标卡尺测量 Π 形丝的水平部分长度 L，这样表面张力系数即可求出。

【数据记录及处理】

（1）测定弹簧的倔强系数。

砝码质量 $m=$ _____ g

次数	1	2	3	4	5	6
砝码质量	m	$2m$	$3m$	$4m$	$5m$	$6m$
L						
L'						

$$k_1 = \frac{3mg}{L_4 - L_1} \qquad k_2 = \frac{3mg}{L_5 - L_2} \qquad k_3 = \frac{3mg}{L_6 - L_3}$$

$$k_1' = \frac{3mg}{L_4' - L_1'} \qquad k_2' = \frac{3mg}{L_5' - L_2'} \qquad k_3' = \frac{3mg}{L_6' - L_3'}$$

$$\bar{k} = \frac{k_1 + k_2 + k_3 + k_1' + k_2' + k_3'}{6} = \qquad\qquad \Delta k =$$

（2）测定水的表面张力系数。

室温 $t = $ _____ °C

	1	2	3	4	5	平均
x_0						
x						
$x - x_0$						
L						

利用式（2.8.5），求出表面张力系数

$$\bar{\alpha} = \underline{\hspace{3cm}} \text{N/m},$$

求出

$$\Delta\alpha = \underline{\hspace{2cm}},$$

写出

$$\alpha = \bar{\alpha} \pm \Delta\alpha$$

【注意事项】

（1）水的表面若有少许污染，其表面张力系数将有明显的变化，因此，烧杯中的水及金属丝必须保持十分洁净，不许用手触摸烧杯的里侧和金属框，也不要用手触及水面。

（2）测表面张力时，动作要慢，又要防止仪器受震动，特别是水膜要破裂时更要注意。

（3）轻弹簧最大负荷 3 g，不能用力拉长或扭曲使其产生永久变形，要轻拿轻放。

【思考题】

（1）用焦利秤测量液体的表面张力时，必须特别注意哪几点？

（2）如果Π形丝不清洁，会给测量带来什么影响？

（3）说明为使你测出的表面张力系数能有 3 位有效数字，对所有弹簧的倔强系数应有何要求？

附表：不同温度下与空气接触的水的表面张力系数

温度/°C	张力系数/（mN/m）
0	75.62
5	74.90
10	74.20
15	73.48
20	72.75

温度/°C	张力系数/（mN/m）
21	72.60
22	72.44
23	72.28
24	72.12
25	71.96
30	71.15
40	69.55
50	67.90
60	66.17
70	64.41
80	62.60
90	60.74
100	58.54

实验 9 液体黏滞系数的测定

在稳定流动的液体中，由于各层液体的流速不同，互相接触的两层液体之间有力的作用。流速较慢与流速较快两相邻液层间的作用力，既使流速较快的液层减速，又使流速较慢的液层加速。两相邻液层间的这一作用力称为内摩擦力或黏滞力，液体的这一性质称为黏滞性。

实验证明，黏滞力 f 的大小与所取液层的面积 S 和液层间的速度空间变化率 $\mathrm{d}v/\mathrm{d}x$（常称为速度的梯度）的乘积成正比

$$f = \eta S(\mathrm{d}v/\mathrm{d}x)$$

式中，比例系数 η 称为液体的内摩擦系数或黏滞系数，它决定于液体的性质和温度。温度升高，黏滞系数迅速地减小。

在工业生产和科学研究（如机器的润滑、液压传动以及与液体性质有关的研究）中，常常需要知道液体的黏滞系数。测定液体黏滞系数的常用方法有落球法、扭摆法、转筒法和毛细管法。前 3 种方法是利用液体对固体的摩擦阻力来确定黏滞系数的，最后一种方法是通过测定一定时间内流过毛细管的液体体积来确定黏滞系数的。

下面仅介绍落球法。

【实验目的】

（1）观察液体的内摩擦现象，学会用落球法测量液体的黏滞系数。

（2）熟练运用基本仪器测量长度、质量和时间。

【实验仪器】

液体黏滞系数仪、游标卡尺、米尺、螺旋测微计、秒表、小钢球若干（已知密度）、水银测温计、比重计。

【实验原理】

小球在液体中运动时，将受到与运动方向相反的摩擦阻力的作用，这种阻力即为黏滞力，它是由于黏附在小球表面的液层与邻近液层的摩擦而产生的，不是小球与液体之间的摩擦阻力。如果液体是无限广延的，液体的黏滞性大，小球的半径很小，且在运动过程中不产生旋涡，则根据斯托克定律，小球受到黏滞力为

$$f = 6\pi\eta rv \tag{2.9.1}$$

式中，η 是液体的黏滞系数；r 是小球的半径；v 是小球的运动速度。

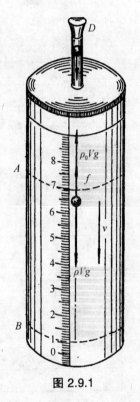

图 2.9.1

如图 2.9.1 所示，在装有液体的圆筒形玻璃管的导管 D 处让小球自由下落。小球落入液体后，受到 3 个力的作用，即重力 ρVg、浮力 $\rho_0 Vg$ 和黏滞力 f，其中，V 是小球的体积，ρ 和 ρ_0 分别为小球和液体的密度。在小球刚落入液体时，垂直向下的重力大于垂直向上的浮力与黏滞力之和，于是小球作加速运动。随着小球运动速度的增加，黏滞力也增加，当速度增加到某一值 v_0 时，小球所受的合力为零。此后小球就以该速度匀速下落。

前面说过，式（2.9.1）只适用于小球在无限广延的液体内运动的情形。而在本实验中，小球是在半径为 R 的装有液体的圆柱形管内运动，如果只考虑管壁对小球运动的影响，则式（2.9.1）应修正为

$$f = 6\pi\eta rv_0\left(1 + K\frac{r}{R}\right) \tag{2.9.2}$$

式中，v_0 是小球在圆筒内的收尾速度，即达到匀速运动的那个速度；K 是一个常数，其值由实验室给定。

由于小球以 v_0 匀速下降，根据力的平衡方程得

$$6\pi\eta rv_0\left(1 + K\frac{r}{R}\right) = \rho Vg - \rho_0 Vg$$

故液体的黏滞系数

$$\eta = \frac{2gr^2(\rho - \rho_0)}{9v_0\left(1 + K\dfrac{r}{R}\right)} = \frac{gd^2(\rho - \rho_0)}{18v_0\left(1 + K\dfrac{d}{D}\right)} \tag{2.9.3}$$

在小球的密度ρ、液体的密度ρ_0和重力加速度g已知的情形下，只要测出小球的直径d、圆筒的内直径D和小球的速度v_0就可以算出液体的黏滞系数η。式中各量的单位：g用$N \cdot kg^{-1}$，d、D用m，ρ、ρ_0用$kg \cdot m^{-3}$，v_0用$m \cdot s^{-1}$，则η的单位为$N \cdot m^{-2} \cdot s$，即$Pa \cdot s$。

【实验内容】

（1）将玻璃圆筒盛润滑油，或者甘油，或者蓖麻油，调节圆筒，使其中心轴铅直。用游标卡尺测量圆筒的内直径D，用米尺量出圆筒上标号线A、B之间的距离s。

（2）用螺旋测微计（或读数显微镜）测小钢球的直径d，在三个不同的方向上测量，取其平均值。共测5个小球，记录测量的结果，编号待用。

（3）用镊子夹起小钢球，为使其表面完全被所测的油浸润，先将小球在油中浸一下，然后放入导管D中。用秒表测出小球匀速下降通过路程AB所需的时间t，则$v_0 = s/t$（用5个小球分别测量）。

（4）小球的密度ρ由实验室给出（如若测定ρ，则需用分析天平），液体的密度ρ_0可测定或给定。记下油的温度。

（5）根据每个小球的数据，按照式（2.9.3）计算η，然后求η的平均值及其误差。

【数据记录及处理】（见表2.9.1）

表2.9.1　测定液体黏滞系数

次数	1	2	3	4	5
小球直径d					
圆筒内径D					
标线AB间的距离s					
通过AB的时间t					
小球下落速度v_0					
η值					

已知小钢球密度$\rho = $＿＿＿＿＿$kg \cdot m^{-3}$；液体密度$\rho_0 = $＿＿＿＿$kg \cdot m^{-3}$；油温$T = $＿＿＿＿℃

【注意事项】

（1）实验时，油中应无气泡，小球应彻底清掉油污，且在使用前应保持干燥。

（2）选定标号线A的位置时，应保证小球在通过A之前已达到它的收尾速度。

（3）油的黏滞系数随温度的改变发生显著变化，如蓖麻油的黏滞系数从18℃升高到40℃时降为原来的1/4。因此，在实验中不要用手摸圆筒，每次实验结束后，应随即记录油的温度。

【思考题】

（1）试根据式（2.9.3）推出估算η的相对误差公式。将实验数据代入该公式算出各直接

54

测量值的相对误差后，请指出造成误差的主要原因是什么？为了尽量减小误差，实验应当如何改进呢？

（2）在特定的液体中，当小球的半径减小时，它下降的收尾速度如何变化？当小球的密度增大时，又将如何？

（3）试分析选用不同密度和不同半径的小球做此实验时，对于实验结果 η 的误差的影响。

（4）在温度不同的两种润滑油中，同一小球下降的收尾速度是否不同呢？为什么？

附表：液体黏滞系数

液　体	温度/ °C	液体黏滞系数/μPa·s
水	10	1 305.3
	20	1 004.2
	30	801.2
	40	653.1
汽　油	0	1 788
	18	530
乙　醇	0	1 780
	20	1 190
蓖麻油	10	242×10^4

实验 10　固体线膨胀系数的测定

任何物体都具有热胀冷缩的特性，这个特性在工程设计（如桥梁和过江电缆工程）、精密仪表设计及材料的焊接和加工中都必须加以考虑。

在一维情况下，固体受热后长度的增加称为线膨胀。在相同的条件下，不同材料的固体，其线膨胀的程度各不相同。于是，我们引进线膨胀系数来表示固体的这种差别。

测定固体线膨胀系数，实际上归结为测量在某一温度范围内固体的微小伸长量。这里介绍的方法是光杠杆法，它是用光学方法将微小的伸长放大几十甚至上百倍，所以较精确。

【实验目的】

（1）学会用光杠杆法测定固体长度的微小变化。
（2）测量金属杆的线膨胀系数。

【实验仪器】

金属线膨胀系数仪、光杠杆（含其配件）。

【实验原理】

实验表明，原长度为 L 的固体受热后，其相对伸长量正比于温度的变化，即

$$\frac{\Delta L}{L} = \alpha \Delta t$$

式中，比例系数 α 称为固体的线膨胀系数。对于一种确定的固体材料，它是具有确定值的常数，材料不同，α 的值也不同。设在 0 ℃ 时，固体的长度为 L_0，当温度升高 t ℃ 时，其长度为 L_t，则有

$$\frac{L_t - L_0}{L_0} = \alpha t$$

或 $$L_t = L_0(1 + \alpha t) \tag{2.10.1}$$

可见，固体的长度随着温度的升高线性地增大。

如果在温度 t_1 和 t_2 时，金属杆的长度分别为 L_1、L_2，则可写出

$$L_1 = L_0(1 + \alpha t_1) \tag{2.10.2}$$
$$L_2 = L_0(1 + \alpha t_2) \tag{2.10.3}$$

将式（2.10.2）代入式（2.10.3），化简后得

$$\alpha = \frac{L_2 - L_1}{L_1\left(t_2 - \dfrac{L_2}{L_1} t_1\right)} \tag{2.10.4}$$

因 L_2 与 L_1 非常接近，故 $L_2/L_1 \approx 1$。于是式（2.10.4）可写成

$$\alpha = \frac{L_2 - L_1}{L_1(t_2 - t_1)} \tag{2.10.5}$$

只要测出 L_1、L_2、t_1 和 t_2，就可以求得 α 值。

【仪器介绍】

如图 2.10.1 所示，整个分为两个部分。一部分是用来加热金属杆的，它包括：固定在专用木板上的两对支架 P_1、P_2 和 Q_1、Q_2，用来固定蒸汽管；外缠石棉保温材料的可通蒸汽的金属管，靠近管两端有进、出汽管 H_1、H_2；放在蒸汽管中心的被测金属杆 AB；插入蒸汽管中部 C 孔内的温度计 T，用来测量金属杆 AB 的温度。装置的另一部分是由光杠杆 M（小镜）、标尺 S 和望远镜 R 所构成的光学放大系统，用来测量金属杆的微小伸长量 ΔL（$\Delta L = L_2 - L_1$）。利用"光杠杆"的原理，得到长度伸长量为

$$\Delta L = L_2 - L_1 = \frac{b}{2D}(n_2 - n_1) \tag{2.10.6}$$

式中，b 为光杠杆前后脚的垂直距离；D 为光杠杆镜面到望远镜标尺间的距离；n_1 及 n_2 为温度 t_1 及 t_2 时望远镜中标尺的读数。将式（2.10.6）代入式（2.10.5）得

$$\alpha = \frac{b(n_2 - n_1)}{2DL_1(t_2 - t_1)} \qquad (2.10.7)$$

如果测得 L_1、t_2、t_1、n_1、n_2、b 及 D，便可按式（2.10.7）求出 α 值。

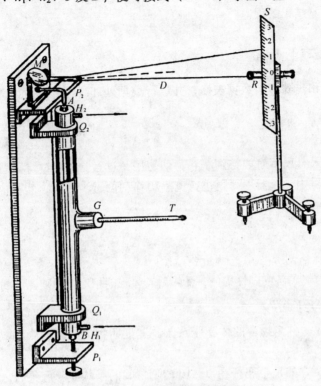

图 2.10.1 金属线膨胀系数仪

【实验内容】

（1）在蒸汽发生器内注入 4～5 cm 深的自来水，并用夹子夹紧出汽端的橡皮管，以免蒸汽通入金属管中，然后接通加热电源或点燃酒精灯。

（2）测量金属杆的长度 L_1，并把它装入金属管内。

（3）小心地把温度计插入金属管内（即 C 处），使温度计刚好与被测金属杆接触，记下加热前的温度 t_1。

（4）将光杠杆（即小镜）三个构成等腰三角形的尖脚放在白纸上轻轻按一下，以便得到三个支点的位置。通过作图，再量出等腰三角形的高 b，然后将光杠杆放在平台 P_2 上，使它的"顶点脚"放在金属杆的上端。

（5）调整光杠杆的位置以及望远镜位置和焦距，使得在望远镜中能清楚地看到标尺的刻度。记下加热前标尺的读数 n_1。

（6）将蒸汽通入金属管内，当望远镜中的标尺读数和温度计的读数完全稳定后，分别记下标尺读数 n_2 和温度计读数 t_2。

（7）停止加热，并夹紧出汽端的橡皮管。用钢卷尺量出光杠杆 M（镜面）到标尺 S 的垂直距离 D。

（8）取下温度计，取出管内的金属杆，待冷却后，换上另一根金属杆，再按上述步骤进行实验。

将测得的各量代入式（2.10.7），算出两根金属杆各自的线膨胀系数 α，并与它们的标准值相比较，估算实验结果的误差。

【数据记录及处理】

根据实验原理和步骤自拟数据表格，并进行数据处理（注意单位换算）。

【注意事项】

（1）温度计插入金属管时要特别小心，切勿用力过猛，以免碰坏。
（2）在实验过程中，仪器不得再进行调整和移动位置。否则，实验应从头做起。

【思考题】

（1）试说明为什么对 $n_2 - n_1$ 的测量要精确。
（2）有一体积为 V 的各向同性物体，受热后其体积的相对增量随温度的变化量成正比，即

$$\Delta V / V = \beta \Delta t$$

其中，β 是比例系数，称为物体的体膨胀系数。试证明物体的体膨胀系数为线膨胀系数的 3 倍，即 $\beta = 3\alpha$。

（3）本实验所测定的是金属杆在 0～100 ℃ 之间的平均线膨胀系数。如果我们欲测金属杆在较高温度范围内（300～600 ℃）的平均线膨胀系数，那么，由于工作温度的提高，图 2.10.1 所示的仪器装置应当做哪些相应的改进呢？您能否提出一个切实可行的实验方案来？

附表：部分固体线膨胀系数（1～100 ℃）

物　质	线膨胀系数/×10^{-6} ℃
铝	23.8
铜	17.1
铁	12.2
钢（0.05%碳）	12.0
康　铜	15.2
银	19.6

实验 11 液固体比热容的测定

【实验目的】

（1）学会用电流量热器法测液体的比热。

58

(2) 学习用混合量热法测固体的比热容的原理和方法。

(3) 熟悉物理天平、温度计和量热器的使用方法。

(4) 学习间接测量结果的数据处理方法。

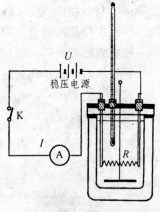

图 2.11.1

【实验仪器】

量热器（包括搅拌器）、物理天平、待定物块、水银温度计 $0 \sim 50\ ℃\ (0.1\ ℃)$、酒精温度计 $0 \sim 100\ ℃\ (1\ ℃)$、电加热装置、电流表等。

【实验原理】

电流量热器法测定液体比热，即在量热器中装入质量为 $m_水$ 的水，并在水中安置电阻 R，按图 2.11.1 连接电路，然后闭合开关 K，通上电流 I，则根据焦耳-楞次定律，电阻产生的热量

$$Q = I^2 R \cdot t = IUt$$

其中，I 单位为安培；U 单位为伏特；t 为通电时间，单位为秒；热量单位为焦耳。

混合量热法是测量物质比热容常用的一种方法，即在绝热系统中，使高温物质与低温物质混合，则前者所放出的热量全部为后者所吸收，利用热交换规律可计算出被测物质的比热容。

热量传递方式有三种，即传导、对流和辐射。要使实验系统成为绝热系统，必须尽量减少这三种方式的热量传递。各种类型的量热器都可以满足这一要求，我们所使用的量热器如图 2.11.1 所示，由良导体（铜）做成内筒，借助一个绝热架放在一较大外筒中，中间隔上绝热性能很好的泡沫，在内筒中有温度计，搅拌器及通电的铜电极和电阻丝。由于外筒用绝热盖盖住，两筒间对流、传导都很小，且两筒表面都镀得很光亮，热辐射也就很小，这样的量热器可近似看成一个绝缘装置。

在不太大的温度范围内，物质由于吸收或放出热量而使温度发生变化时，其吸收或放出的热量 Q，与物质质量 m、末温 T_2 与初温 T_1 之差 $(T_2 - T_1)$ 成正比，即

$$Q = cm(T_2 - T_1)$$

所以在测液体比热时，水、量热器内筒、搅拌器和温度计等吸收热量 Q 后，温度由初温 T_1 升高到末温 T_2，则有

$$Q = UIt = C_水 m_水 (T_2 - T_1) + C_铜 m_铜 (T_2 - T_1) + C_铁 m_铁 (T_2 - T_1) + C_钢 m_钢 (T_2 - T_1)$$

得

$$C_水 = \frac{IUt}{m_水 (T_2 - T_1)} - C_铜 \frac{m_铜}{m_水} - C_铁 \frac{m_铁}{m_水} - C_钢 \frac{m_钢}{m_水}$$

测固体比热时，先将质量为 m 的金属物块放在公用杯中加热到 $80\sim95\,°C$，然后迅速从公用杯中取出物块，投入量热器的筒中与温度为 T_1 的水混合，则物块因放热而降温，量热器内筒中的水和其他物质因吸热而升温，最后达到统一的平衡温度 T_2，在这个过程中

物块放热 $Q=C_物 m_物(T_0-T_2)$；水吸热 $Q_1=C_水 m_水(T_2-T_1)$；

铜吸热 $Q_2=C_铜 m_铜(T_2-T_1)$；钢杯吸热 $Q_3=C_钢 m_钢(T_2-T_1)$；

铁壁吸热 $Q_4=C_铁 m_铁(T_2-T_1)$

根据热交换规律，有

$$Q=Q_1+Q_2+Q_3+Q_4$$

即

$$C_物 m_物(T_0-T_2)=C_水 m_水(T_2-T_1)+C_铜 m_铜(T_2-T_1)+C_钢 m_钢(T_2-T_1)+C_铁 m_铁(T_2-T_1)$$

整理得

$$C_物 = \frac{(C_水 m_水 + C_铜 m_铜 + C_铁 m_铁 + C_钢 m_钢)(T_2-T_1)}{m_物(T_0-T_2)} \tag{2.11.1}$$

其中，$C_铜=0.39\times10^3\,\text{J/kg°C}$；$C_铁=0.477\times10^3\,\text{J/kg°C}$；$C_钢=0.483\times10^3\,\text{J/kg°C}$；$m_铜=30.1\,\text{g}$；$m_铁=90.1\,\text{g}$。这些数值可根据实验装置的实际情况测量获得或由实验室给出。

【实验内容】

（1）量热器装入适量的水（$200\sim300\,\text{mL}$），并测出初温 T_0，按原理图接好电路，合上电键 K。温度升高 $10\,°C$，记录一次时间 t。共记录三次，同时记录好电源的电压值和通电电流值。

（2）用物理天平称出金属物块的质量 m，将其放入公用量热器中加热，使其达到高温 T。

（3）将铜量热器内筒中放入适量（约 $150\,\text{mL}$）室温下的水，测出水的初温，将高温物块用钳子取出，并迅速放入量热器内筒中，盖好盖子，用搅拌器上下轻轻搅动，待温度稳定后，测出混合温度 T_2。

【注意事项】

（1）取出待测物块时，要尽量减少它表面附着的水。

（2）从沸水中取出待测物体，放入量热器中动作要快。

（3）由于量热器不是理想的绝热装置，故当达到平衡温度后，系统会继续向周围散热，温度还会降低，因此，T_2 应在温度下降前读出。

【数据和数据处理】

1）原始数据表

$\Delta m_仪=0.1\,\text{g}$，$\Delta T_仪=0.2\,°C$，$\Delta I=0.5\,\text{mA}$，$\Delta U=0.05\,\text{V}$

表 2.11.1　测水的比热

序　次	$m_{\text{水}}$/g	U/V	I/A	T_1/°C	T_2/°C	t/s
1						
2						
3						

表 11.2　测物块的比热

序　次	$m_{\text{水}}$/g	$m_{\text{物}}$/g	T_0/°C	T_1/°C	T_2/°C
1					
2					
3					

2）数据处理

（1）将测量数据代入式（2.11.1）中，按有效数字的运算规则计算比热容值 C。计算时注意统一单位。

（2）推导误差公式，计算比热容时

因

$$C_{\text{水}} = \frac{IUt}{m_{\text{水}}(T_2 - T_1)} - C_{\text{铜}}\frac{m_{\text{铜}}}{m_{\text{水}}} - C_{\text{铁}}\frac{m_{\text{铁}}}{m_{\text{水}}} - C_{\text{钢}}\frac{m_{\text{钢}}}{m_{\text{水}}}$$

可推出

$$\Delta C_{\text{水}} = \left(\frac{\Delta I}{I} + \frac{\Delta U}{U} + \frac{\Delta t}{t} + \frac{\Delta m_{\text{水}}}{m_{\text{水}}} + \frac{\Delta T_2 + \Delta T_1}{T_2 - T_1}\right)\frac{IUt}{m_{\text{水}}(T_2 - T_1)} +$$

$$\left(\frac{\Delta m_{\text{铜}}}{m_{\text{铜}}} + \frac{\Delta m_{\text{水}}}{m_{\text{水}}}\right)C_{\text{铜}}\frac{m_{\text{铜}}}{m_{\text{水}}} + \left(\frac{\Delta m_{\text{铁}}}{m_{\text{铁}}} + \frac{\Delta m_{\text{水}}}{m_{\text{水}}}\right)C_{\text{铁}}\frac{m_{\text{铁}}}{m_{\text{水}}} +$$

$$\left(\frac{\Delta m_{\text{钢}}}{m_{\text{钢}}} + \frac{\Delta m_{\text{水}}}{m_{\text{水}}}\right)C_{\text{钢}}\frac{m_{\text{钢}}}{m_{\text{水}}}$$

而因

$$C_{\text{物}} = \frac{(C_{\text{水}}m_{\text{水}} + C_{\text{铜}}m_{\text{铜}} + C_{\text{铁}}m_{\text{铁}} + C_{\text{钢}}m_{\text{钢}})(T_2 - T_1)}{m_{\text{物}}(T_0 - T_2)}$$

所以

$$\frac{\Delta C_{\text{物}}}{C_{\text{物}}} = \frac{(C_{\text{水}}\Delta m_{\text{水}} + C_{\text{铜}}\Delta m_{\text{铜}} + C_{\text{铁}}\Delta m_{\text{铁}} + C_{\text{钢}}\Delta m_{\text{钢}})}{(C_{\text{水}}m_{\text{水}} + C_{\text{铜}}m_{\text{铜}} + C_{\text{铁}}m_{\text{铁}} + C_{\text{钢}}m_{\text{钢}})} + \frac{\Delta m_{\text{物}}}{m_{\text{物}}} +$$

$$\frac{\Delta T_2 + \Delta T_1}{T_2 - T_1} + \frac{\Delta T_0 + \Delta T_2}{T_0 - T_2}$$

（3）计算绝对误差 $\Delta C_物 = C_物 \left(\dfrac{\Delta C_物}{C_物} \right)$。

（4）正确表示出 $C_水 = C_水 \pm \Delta C_水$；$C_物 = C_物 \pm \Delta C_物$。

【注意事项】

（1）用量热器进行本实验，可以做到与外界的热量传递（传导、对流和辐射）减到最少，这样，系统中高温物质放出的热量会全部被低温物质吸收。由此可见，保持系统绝热是实验的基本条件，这要从仪器操作等各方面去保证。若系统与外界产生的热交换不可忽略，则必须进行散热修正。

（2）操作时，要搞清楚放热物体的具体位置，在计系统的温度时，必须是达平衡时的系统温度，即温度计读数不变时的值。要用搅拌器缓慢地、不停得搅拌，且为准确计温，温度计应尽量多地插入被测系统，但又不能离高温物体太近。

（3）在计算误差时，对一些量看成常量无误差，可使计算大大简化，在推导误差公式时，这种简化方法普遍使用。

【思考题】

（1）用混合物测比热容条件是什么？本实验用什么方法实现这一条件？

（2）将高温物体放入量热器后，哪个是放热物质？哪个是吸热物质？

（3）为什么要将高温物体迅速放入量热器中？为什么要缓慢、均匀地搅拌？

（4）试推误差计算式。

实验后思考问题：

（1）测液体比热容时用 $Q = UIt$ 计算时会造成多大误差？

（2）由误差公式分析量热器中水装得多一些好还是少一些好？物块大一些好还是小一些好？

（3）说明以下因素会使比热容测量的值偏大还是偏小？

① 物块放入量热器时，由于散热，所以此时温度不是沸水温度。

② 物块放入时，同时还带有少量热水。

③ 由于量热器不绝对理想，向周围有散热，使混合温度偏低。

④ 在将物块放入量热器时，或搅拌过程中，水被溅到内筒以外。

（4）若高温放热物体比热容已知，用混合法可否测出某液体比热容？若可以，请推导出该液体比热容计算式。

（5）本实验可否用室温下物块与热水在量热器中混合，测固体的比热容？

第3章　电学、磁学实验

电磁学实验操作规程

电磁学从其建立之初就是一门实验科学。很早以前，人们就发现了经毛皮摩擦过的琥珀能吸引轻微物体。随着著名的库仑定律、安培定律等实验定律的提出，电磁学逐渐形成了日益完善的理论体系。现代电磁学实验所用仪器设备已经很复杂、精密，是人们观察研究电磁现象、学习理论知识的重要途径，并通过这些实验掌握各种电磁测量的基本技能和电磁学实验研究的基本方法。下面简单介绍电磁学实验中一般应遵循的操作规则。

(1) 准备。做实验前要认真预习，做到心中有数，并准备好实验数据表。实验时，先把本组实验仪器的规格弄清楚，然后根据电路图要求摆好仪器位置（基本按电路图排列次序，但也要考虑到读数和操作方便）。

(2) 连线。要在理解电路的基础上连线。看清和分析电路图中共有几个回路，一般从电源的正极开始（电源先要关掉），按从高电势到低电势的顺序接线。如果有支路，则应把第一个回路完全接好后，再接另一个回路，切忌乱接。一般在电源正极、高电势处用红色或浅色导线连接，电源负极、低电势处用黑色或深色导线连接。

仪器布局要合理，要将需要经常控制、调节和读数的仪器置于操作者面前，开关一定要放在最易操纵的地方。

各器件要处于正确使用状态。例如，接通电源前，电源输出电压和分压器输出电压均置于最小位置；限流器的接入电阻部分阻值置于最大处；电表要选择合理的量程；电阻箱的阻值不能为零等。

(3) 检查。接好电路后，要仔细检查，先复查电路连接是否正确，再检查其他的要求是否都做妥，如开关是否打开；电表和电源正负极是否接错；量程是否正确；电阻箱数值是否正确；变阻器的滑动端（或电阻箱各挡旋钮）位置是否正确等，直到一切都做好，再请教师检查，经同意后，再接上电源。

(4) 通电。在闭合开关通电时，要首先想好通电瞬间各仪表的正常反应是怎样的（如电表指针是指零不动或是应摆动什么位置等），闭合开关时要密切注意仪表反应是否正常，并随时准备不正常时断开开关，若有反常应立即切断电源，排除故障，并报告指导教师。实验过程中需要暂停时，应断开开关，若需要更换电路，应将电路中各个仪器拨到安全位置然后断开开关，拆去电源，再改换电路，经教师重新检查后，才可接电源继续做实验。

(5) 实验。细心操作，认真观察，及时记录原始实验数据。

(6) 安全。电磁学实验使用的电源通常是 220 V 的交流电和 0～30 V 的直流电，但有时实验使用的电压较高，一般人体接触 36 V 以上电压时就有危险，所以在电磁学实验过程中要特别注意人身安全，谨防触电事故发生。在教师未讲解、未弄清注意事项和操作方法之前不要乱动仪器，不管电路中有无高压，要养成避免用手或身体接触电路中导体的习惯。实验者接、拆线路，必须在断电情况下进行。操作时，人体不能触摸仪器的高压带电部位，高压部位的接线柱或导线一般要用红色标记，以示危险。

（7）归整。实验做完后，先断开开关，经教师检查原始实验数据认可后，方可拆除线路。拆线时要先断开电源，按照先"电源"后"测量电路"的顺序把电路中所有连线依次拆除，并把各仪器、器件放回原处，并按要求放置整齐再离开实验室。

下表列出了常见电气仪表板上的标记。

名　称	符　号	名　称	符　号
测量仪表符号	○	磁电仪表	∩
检流计	G	静电仪表	=
安培表	A	直流	—
毫安表	mA	交流（单相）	~
微安表	μA	直流和交流	≃
伏特表	V	标度尺准确度等级	1.5
毫伏表	mV	指示准确度等级（1.5 级）	⒈⒌
千伏表	kV	接地端	⊥
欧姆表	Ω	调零	⌒
兆欧表	MΩ	Ⅱ级防外电和防外磁	Ⅱ
负端钮	—	公共端钮	*
正端钮	+	绝缘强度（试验电压 2 kV）	☆

实验 1　欧姆定律的应用

【实验目的】

（1）验证欧姆定律。
（2）掌握用伏安法测电阻的方法。
（3）学会电压表、电流表、电阻箱和滑线变阻器的正确用法。

【实验仪器】

电压表、电流表（毫安表）、开关、电阻箱、滑线变阻器、直流稳压电源、待测电阻、导线。

【实验原理】

通过一段导体的电流 I 与该导体两端的电压 V 成正比，与该导体的电阻 R 成反比，这就是欧姆定律。用数学式子可表示为

$$I = \frac{V}{R} \tag{3.1.1}$$

式中，电流单位用安，电压单位用伏，电阻单位用欧。式（3.1.1）也可写成

$$R = \frac{V}{I} \tag{3.1.2}$$

若用电压表测得电阻两端的电压 V，同时用电流测出通过该电阻的电流 I，由式（12.2）即可求得电阻 R。这种用电表直接测出电压和电流数值，由欧姆定律计算电阻的方法，称为伏安法。伏安法原理简单、测量方便，它尤其适用于测量非线性电阻的伏安特性。但是，用这种方法进行测量时，电表的内阻要影响测量结果。下面就对电表内阻的影响作分析讨论。

用伏安法测量电阻可采用图 3.1.1 所示的两种接线方法。

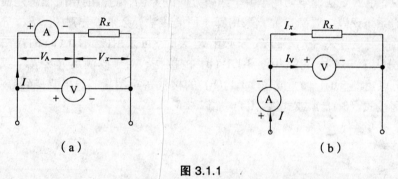

（a）　　　　　　　　　　（b）

图 3.1.1

在图 3.1.1（a）中，电流表的读数 I 为通过待测电阻 R_x 的电流 I_x；电压表的读数 V 不是 V_x，而是 $V = V_x + V_A$。如果将电表的指示值 I、V 代入式（3.1.2），则待测电阻的测量值为

$$R = \frac{V}{I} = \frac{V_x + V_A}{I_x} = R_x + R_A = R_x\left(1 + \frac{R_A}{R_x}\right)$$

式中，R_A 为电流表的内阻；R_A/R_x 是电流表内阻给测量带来的相对误差。可见，采用图 3.1.1（a）的接法时，测得的电阻值 R 比实际值 R_x 偏大。如果知道 R_A 的数值，则待测电阻 R_x 可用下式计算

$$R_x = \frac{V - V_A}{I} = R - R_A = R\left(1 - \frac{R_A}{R}\right) \tag{3.1.3}$$

在图 3.1.1（b）中，电压表的读数 V 等于电阻 R_x 两端的电压 V_x；电流表的读数 I 不等于 I_x，而是 $I = I_x + I_V$。如果将电表的指示值 V、I 代入式（3.1.2），则得到待测电阻的测量值为

$$R = \frac{V}{I} = \frac{V_x}{I_x + I_V} = \frac{V_x}{I_x\left(1 + \dfrac{I_V}{I_x}\right)}$$

将 $\left(1 + \dfrac{I_V}{I_x}\right)^{-1}$ 用二项式定理展开，可写为

$$R \approx \frac{V_x}{I_x}\left(1 - \frac{I_V}{I_x}\right) = R_x\left(1 - \frac{R_x}{R_V}\right)$$

式中，R_V 是电压表的内阻；R_x / R_V 是电压表内阻给测量带来的相对误差。可见，采用图 3.1.1 (b) 的接法时，测得的电阻值 R 比实际值 R_x 偏小。如果知道 R_V 的数值，则待测电阻 R_x 可由下式计算：

$$R_x = \frac{V_x}{I - I_V} = \frac{V_x}{I\left(1 - \dfrac{I_V}{I}\right)} \approx \frac{V_x}{I}\left(1 + \frac{I_V}{I}\right) = R\left(1 + \frac{R}{R_V}\right) \tag{3.1.4}$$

概括地说，用伏安法测电阻时，由于线路方面的原因，测得的电阻值总是偏大或者偏小，即存在一定的系统误差。要确定究竟采用哪一种接线法，必须事先对 R_x、R_A、R_V 三者的相对大小有粗略的估计。当 $R_x \gg R_A$，而 R_V 未必比 R_x 大时，可采用图 3.1.1 (a) 的接法；当 $R_x \ll R_V$，而 R_x 又不过分大于 R_A 时，可采用图 3.1.1 (b) 的接法；对于既满足 $R_x \gg R_A$，又满足 $R_x \ll R_V$ 关系的电阻，可用图 3.1.1 (a) 或图 3.1.1 (b) 的接法进行测量。如果要得到待测电阻的准确值，必须分别按式 (3.1.3) 或式 (3.1.4) 加以修正。

【实验内容】

1. 验证欧姆定律

实验线路如图 3.1.2 所示，其中 I、II、III 表示按回路接线的顺序。

(1) 按箭头所指的顺序，先连接回路 I，再连接回路 II。图中的滑线变阻器采用分压接法，用来改变电压的大小。经老师检查线路后，先将滑动头 C 靠近固定端 B 处，再合上开关 K，接通电源。将滑线变阻器滑动头 C 缓慢向 A 移动，观察电压表指针的变化；再向 B 移动，观察电压表指针的变化有何不同。断开电源，最后连接回路 III。

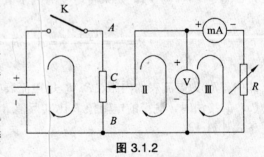

图 3.1.2

(2) 取电阻箱的电阻为一定值（如 $R = 500\ \Omega$），接通电源，调节滑线变阻器以改变电阻 R 两端的电压 V，则电流 I 也随之改变。测出一系列的 V 值和对应的 I 值，如当电压表读数分别为 1.0、1.5、2.0、2.5、3.0 V、…时，记录相应的电流表的读数。比较所得的电压和电流的数据，验证电流和电压是否成比例。

(3) 调节滑线变阻器，使电压 V 固定在某一定值（如 $V = 3.0$ V），然后改变电阻 R 的数值

（如 $R=500\ \Omega$、$600\ \Omega$、$700\ \Omega$、…），记录与电阻 R 对应的电流表的读数。用所得的电阻和电流的数据验证电流 I 与电阻 R 是否成反比。应该注意的是，在改变电阻 R 时，电压表的指示也有变化，因而每改变一次电阻 R，都需要调节滑线变阻器，以保持电压 V 为固定值。

2. 用伏安法测电阻

按照图 3.1.3 所示接好线路后，请老师检查线路。图中 K_2 是单极转换开关，倒向 A 为图 3.1.1（a）的接法，倒向 B 为图 3.1.1（b）的接法。R_x（或 R'_x）为待测电阻。实验室备有大小不同的两种待测电阻（例如数千欧或数十欧），测量时，应根据阻值的大小不同，选择合理的线路。

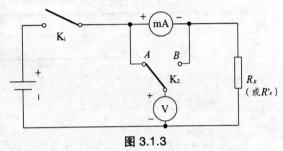

图 3.1.3

（1）将开关 K_2 拨向 A，观察电压表和电流表的读数（如果偏大或偏小，可调整电源的电压或改变电表的量程）。再将 K_2 由 A 倒向 B，如果电流表的指示有变化（增大），表示待测电阻 R_x 为高电阻。这时应把 K_2 拨向 A，读出电压表和电流表指示的数值，记录电流表的内阻 R_A，按式（3.1.3）算出待测电阻 R_x（修正值）。

（2）改变（增大）电流的量程，降低电源的电压，换接另一个待测电阻 R'_x。观察开关 K_2 在 A 处时电压表和电流表的读数。将开关 K_2 由 A 倒向 B，如果电压表的读数有变化（减小），表示待测电阻为低电阻。记下此时电压表和电流表指示的数值以及电压表的内阻 R_V，按式（3.1.4）算出待测电阻 R'_x（修正值）。

（3）由 $R_x = \dfrac{V}{I}$，按照误差公式得

$$E_r = \frac{\Delta R_x}{R_x} = \frac{\Delta V}{V} + \frac{\Delta I}{I} \tag{3.1.5}$$

式中，$\Delta V =$ 电压表量限×电压表准确度等级%；V 为读出的电压值；$\Delta I =$ 电流表量限×电流表准确度等级%，I 为读出的电流值。按式（3.1.5）计算出 $\Delta R_x / R_x$ 值。这是由于受到电表准确度限制带来的最大可能误差。

（4）按绝对误差 $\Delta R_x = R_x \cdot E_r$ 计算待测电阻的测量误差。最后，测量的结果 R_x 可以用 R_x（修正值）$\pm \Delta R_x$ 和相对误差 E_r 来计算。

【数据记录及处理】

（1）验证欧姆定律。

① $R =$ _____

U/V				
I/mA				

② $U=$ _____

R/Ω					
I/mA					

（2）伏安法测电阻。

① 内接法：$R_A=$ _____

U/V					
I/mA					

$R=\dfrac{U}{I}=$

$R_x=R-R_A=$

② 外接法：$R_V=$ _____

R/Ω					
I/mA					

$R=\dfrac{U}{I}=$

$R_x=R+\dfrac{R^2}{R_V}=R\left(1+\dfrac{R}{R_V}\right)=$

$E_r=$

【注意事项】

（1）在每次改换线路之前，都应将滑线变阻器（分压器）的输出电压调至最小，并将电源断开。

（2）在实验操作时，应注意电压表和电流表的指针都不要超过量程。

【思考题】

（1）在图 3.1.4 和图 3.1.2 所示的线路中，滑线变阻器各起什么作用？在图 3.1.4 中，当滑动头 C 移至 A 或 B 时，电压表的读数是否有变化？这种变化是否与图 3.1.2 中移动滑动头 C 时的变化相同？

（2）如果给你一个电阻箱（其电阻值可直接读出），你能利用图 3.1.3 所示的电路测算出电压表的内阻 R_V 和电流表的内阻 R_A 的近似值吗？如能，请说明实验步骤和计算方法。

（3）滑线变阻器当作分压器用的电路如图 3.1.5 所示，已知滑线变阻器两个固定接线端 AB 间总电阻为 R_0，接线端 BC 间电阻为 R_x，现将外部负载电阻 R 并联到 BC 上，试计算 $R\gg R_0$ 和 $R=R_0$ 时，BC 间的电压分别为多少？根据这个计算结果，请您归纳一下，应当怎样正确地使用分压器？

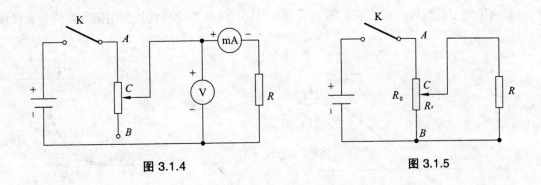

图 3.1.4   图 3.1.5

实验 2 线性电阻和非线性电阻的伏安特性曲线

伏安法测线性电阻能使学生直观地了解系统误差对测量结果的影响，而测量二极管的伏安特性可使学生更好地理解伏安法在测非线性元件时的作用。

【实验目的】

（1）学习变阻器电路的连接方法以及如何根据测量要求选择变阻器。
（2）学习用伏安法测电阻时，正确连接电表以减小系统误差。
（3）了解伏安法在测量非线性元件中的重要作用。

【实验仪器】

稳压电源、电压表、毫安表、微安表、滑线变阻器、电阻箱、待测晶体管、开关等。

【实验原理】

1. 伏安特性

1）线性电阻伏安特性曲线

当电阻元件两端加上电压，元件内就有电流通过，其电流的改变量与外加电压改变量成正比，即服从欧姆定律。其关系曲线为一通过Ⅰ、Ⅲ象限的直线，称为线性电阻的伏安特性曲线。

一般金属导体的电阻是线性电阻，其伏安特性是一条直线，如图 3.2.1 所示。其阻值等于直线斜率的导数 $R = U/I$。

2）非线性电阻的伏安特性曲线

常用的晶体二极管，其电阻值不仅与外加电压的大小有关，而且还与方向有关。这主要取决于二极管的内部结构，图 3.2.2 为晶体二极管的正方向伏安特性曲线。从图中看出，电流值和电压值不是线性关系,各点的电阻均不相同。凡具有这种性质的电阻,就称为非线性电阻。

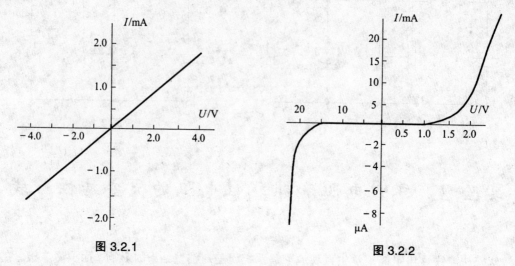

图 3.2.1   图 3.2.2

2. 伏安法的两种接线方式及其使用条件

1)电流表内接电路

如图 3.2.3 所示,电流表测量的是通过待测电阻的电流 I_x,但电压表测量的则是 R_x 上的电压 U_x 与电流表上的电压 U_A 之和。由电流表及电压表读数计算出电阻值

$$R'_x = \frac{U_x + U_A}{I_x} = R_x + R_A \tag{3.2.1}$$

所引入的误差用相对误差表示为

$$\frac{\Delta R_x}{R_x} = \frac{R'_x - R_x}{R_x} = \frac{R_A}{R_x} \tag{3.2.2}$$

由式(3.2.2)看出,只有当 $R_x \gg R_A$ 时,才能保证测量有足够的准确度,所以测量较大电阻时,宜采用电流表内接电路。

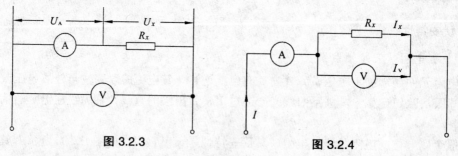

图 3.2.3   图 3.2.4

2)电流表外接电路

如图 3.2.4 所示,电压表测量的是 R_x 两端电压 U_x,但电流表所测量的电流是通过 R_x 的电流 I_x 与通过电压表的电流 I_V 之和。由电流表和电压表读数计算的结果实际是 R_x 与电压表内阻 R_V 的并联电阻

$$R''_x = \frac{U_x}{I_x + I_V} = \frac{1}{\dfrac{I_x}{U_x} + \dfrac{I_V}{U_V}} = \frac{1}{\dfrac{1}{R_x} + \dfrac{1}{R_V}} = \frac{R_x R_V}{R_x + R_V} \tag{3.2.3}$$

所引入的系统误差用相对误差表示

$$\frac{\Delta R_x}{R_x} = \frac{R''_x - R_x}{R_x} = -\frac{R_x^2}{R_x(R_x + R_V)} = -\frac{R_x}{R_x + R_V} \tag{3.2.4}$$

由公式（3.2.4）看出，当待测电阻 R_x 较小时（$R_V \gg R_x$），宜采用电流表外接电路。式中负号表示当电流表外接时，电阻测量结果偏小。

当 R_x、R_V 和 R_A 满足一定关系时，两种电路将导致同样大小的误差，即

$$\frac{R_A}{R_x} = \frac{R_x}{R_x + R_V} \tag{3.2.5}$$

由于一般电流表内阻 R_A 比电压表内阻 R_V 小得多，且 $R_x \ll R_V$，由（3.2.5）式可以得到

$$R_x = \sqrt{R_A R_V} \tag{3.2.6}$$

就是说，当 $R_x = \sqrt{R_A R_V}$ 时，两种电路的系统误差相等；当 $R_x > \sqrt{R_A R_V}$ 时，采用电流表内接电路系统误差较小；当 $R_x < \sqrt{R_A R_V}$ 时，则采用电流表外接电路系统误差较小。

要想得到电阻的准确值，可对测量值进行修正。公式（3.2.2）及（3.2.4）中的 R_x 是真实值，不是测量值，而我们希望将测量值直接代入公式后计算出接入误差，对测量值进行修正。为此，将式（3.2.2）及式（3.2.4）改写成下面形式。

电流表内接电路：

$$\Delta R_x = R_A$$

因此有

$$R_x = R'_x - R_A \tag{3.2.7}$$

式中，R'_x 是测量值；R_A 是电流表内阻。

电流表外接电路：

由式（3.2.3）及式（3.2.4），经过化简可得到

$$R_x = \frac{R''_x}{1 - \dfrac{R''_x}{R_V}} \approx R''_x + \frac{R''^2_x}{R_V + R''_x} \tag{3.2.8}$$

式中，R''_x 是测量值；R_V 是电压表内阻。

3. 实验电路及限流分压器

实验电路如图 3.2.5 所示。两个滑线变阻器和电源组成的电路部分称为限流分压器。由于限流器只适用于负载电阻 R 较小、变阻范围较窄的场合，分压器只适用于负载电阻 R 较大、调压范围较宽的场合。而晶体二极管的正向电阻较小，且电流随电压的变化很大，因而要求

调压范围较窄，变流范围较宽；反向电阻很大，且电流随电压的变化很小，因而要求调压范围较宽，变流范围较窄。在这种情况下，无论采用分压器或限流器，都不能得到满意的调节效果。而采用限流分压器，则可以起到调压、限流相互补充的作用，从而得到较好的调节效果。在限流分压器的电路中，限流变阻器 R_t 应该比分压变阻器 R_0 有较大的阻值。

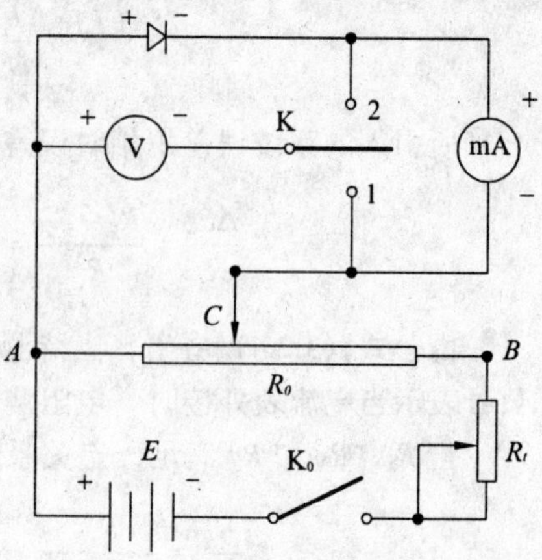

图 3.2.5

【实验内容】

1. 用内接法和外接法测量一线性电阻的伏安特性

（1）线路连接如图 3.2.5 所示。仅将图中半导体元件改为线性电阻。该图中双向开关投向 1 端时，实现电流表内接，投向 2 端时实现外接。

（2）测量时加到被测元件两端的电压不得超过该元件允许的最大电压值。若被测元件的阻值为 R、额定功率为 P，则其最大允许电压值为

$$U_{max} = \sqrt{PR} \tag{3.2.9}$$

最大允许电流为

$$I_{max} = P/U_{max} \tag{3.2.10}$$

图 3.2.5 中电源电压 E 值的确定以及电流、电压表的量程的选择可按式（3.2.9）和式（3.2.10）算得的 U_{max}、I_{max} 值考虑。

（3）测量从零开始，在 $0 \sim U_{max}$ 之间，间隔均匀地测量 10 个点。内接法和外接法各测一组数值。测量完成后，记录所用的电流表、电压表的内阻及准确度等级。

2. 测量半导体二极管的伏安特性

1）正向特性的测定

线路如图 3.2.5 所示，由于二极管的正向特性呈低电阻，故应采用外接法测量，双向开关 K 应投向 2 端。

测量时流过被测二极管的电流不得超过它的最大允许电流 I_{max}。在最大允许电流时，普通常见发光二极管的正向压降一般都在 1.2～3.0 V。所以电源电压可取 4.0～6.0 V，接通电路前先把滑动变阻器 R_0 的滑片 C 拨到 A 端。

测量时缓慢移动滑动变阻器 R_0 的滑片 C 由 A 端向 B 端移动，使电压表从 0 开始逐渐增加，约每隔 0.1 V 读取一次测量数据，直到流过二极管的电流为其允许最大电流 I_{max} 为止。

2）反向特性的测定

按图 3.2.5 线路，将二极管反接，将毫安表换为微安表。由于反向特性呈高电阻，故采用内接法测量，双向开关 K 应投向 1 端。电源电压可取 20～30 V，接通电路前先把滑动变阻器 R_0 的滑片 C 拨到 A 端。

测量时，加在二极管两端的反向电压必须小于它的反向击穿电压。

测量时缓慢移动滑动变阻器 R_0 的滑片 C 由 A 端向 B 端移动，从零开始，每隔 2 V 测量一次，直至 14 V 为止。当电路中出现电流陡增时，则说明二极管已经达到了反向击穿电压，应迅速记下该状态的数据后把电压降下。

【数据记录及处理】

1）用列表法记录所有的测量数据

（1）用内接法和外接法测量一线性电阻的伏安特性。

① 内接法。

$R_A =$ _____ 电流表准确度等级 _____

U/V							
I/mA							

② 外接法。

$R_V =$ _____ 电压表准确度等级 _____

U/V							
I/mA							

（2）测量半导体二极管的伏安特性。

① 正向特性的测定。

U/V							
I/mA							

② 反向特性的测定。

U/V							
I/μA							

2）作线性电阻元件的伏安特性曲线

在直角坐标纸上画出内接法和外接法测得的线性电阻元件伏安特性。

3）计算电阻值并对其进行修正

根据所画伏安特性曲线，求被测电阻元件用两种不同接法测得的电阻值 R（未经修正）。再根据测量时所用电表的内阻（实验室给定），按式（3.2.7）和式（3.2.8）对上述两种方法所得结果进行修正。

进行修正后，消除了方法误差，测量结果的准确度就决定于测量电流、电压时所用的电表的准确度级别和量程

其相对误差为

$$\frac{\Delta R_x}{R_x} = \left| \frac{\Delta U}{U_x} \right| + \left| \frac{\Delta I}{I_x} \right|$$ (3.2.11)

式中，ΔI 和 ΔU 为电流表和电压表允许的最大基本误差，可由电表精度和量程算出。

4）作半导体二极管的正、反向伏安特性曲线

在另一张直角坐标纸上画出被测半导体二极管的正、反向伏安特性曲线。对于正向特性曲线，把按外接法进行修正（如何修正？）后所得的结果也画在同一图上进行比较。由于正、反向电流、电压值相差很大，作图时对于这两种情况可选用不同的比例尺。

【注意事项】

（1）在连接线路时，一般的方法是按回路一个挨一个的连接。要注意线路布局，以使实验中观测、操作和检查方便。

（2）滑线变阻器用作限流时，通电前必须把阻值调到最大；作为分压时，通电之前必须把输出分压调在最小位置，应把此视为使用规则。

【思考题】

（1）若要用量程为 2.5 V、电压灵敏度为 20 kΩ/V 的电压表，量程为 250 μA、内阻为 400 Ω 的电流表测定阻值约为 400 Ω、4 kΩ 和 40 kΩ 的三只电阻。试确定电表的接线方式，并画出电路图。

（2）如果把电表的基本误差作为本实验的误差依据，那么电压为 0.2 V 和 0.8 V 时的相对误差各为多少？

实验 3　用单臂电桥测电阻

电阻按其阻值大小可以分为高电阻（100 kΩ以上）、中电阻（1 Ω～100 kΩ）和低电阻（1 Ω以下）三种。不同阻值的电阻，测量方法不尽相同。

由惠斯通电桥改进而来的单臂电桥（两端式电桥）可测量阻值在 $1.0 \times 10^2 \sim 1.0 \times 10^6$ Ω的两端式电阻。

【实验目的】

（1）了解单臂电桥测量电阻的原理。
（2）学会用单臂电桥测量导体的电阻。

【实验仪器】

QJ-19 型直流单双臂电桥、滑线变阻器、检流计、待测电阻、直流稳压电源、电流表、螺旋测微器、米尺等。

【实验原理】

用惠斯通电桥原理获得的单臂电桥能够较为方便地测量一般高电阻的阻值。

QJ-19 型直流单双臂电桥仪器的简化线路图如图 3.3.1 所示。

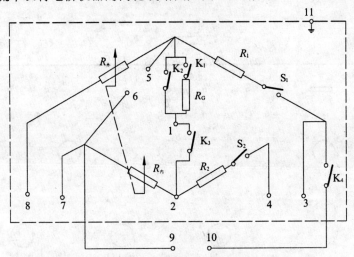

图 3.3.1　电桥简化线路图

S_1、S_2—转换开关，与 R_1、R_2 组成量程变换器；$R_内$、$R_外$—标度盘；R_G—检流计保护电阻；K_1、K_2、K_3、K_4—按钮开关；1、2—四端式电桥接标准电阻的端钮；3、4—四端式电桥接未知电阻的端钮；5、6—两端式电桥接未知电阻的端钮；7、8—接检流计的端钮；9、10—两端式电桥接电源端钮；11—静电屏蔽的端钮

作两端式电桥使用时，"1""2"端钮用短路片短接，被测电阻接到"5""6"端钮，电源接到"9""10"端钮，"7""8"接检流计，S_1、S_2 旋至 R_1：R_2 所需的量程比率，线路如图 3.3.2。

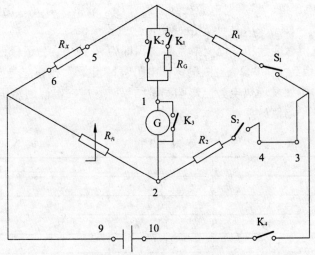

图 3.3.2　两端式电桥线路图

当电桥平衡时，未知电阻 R_x 按公式（3.3.1）计算

$$R_x = \frac{R_1}{R_2} R_内 \tag{3.3.1}$$

75

【仪器介绍】

QJ-19型单双臂电桥，测量 $1.0 \times 10^2 \sim 1.0 \times 10^6 \, \Omega$ 的阻值时，用两端式（单臂）电桥，如图3.3.3接线。

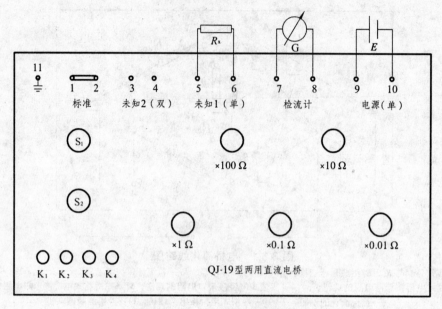

图3.3.3　两端式电桥接线图

测量前，将检流计接到端钮"7""8"，被测电阻用导线接到"5""6"端钮（此连接导线的电阻应小于 $0.005 \, \Omega$），"1""2"端钮用短路片连接。根据被测电阻 R_x 的估计值从表3.3.1选择 R_1、R_2 及电源电压值。然后把电源接到"9""10"端钮，用 S_1、S_2 两个旋钮使 R_1、R_2 为所选之值，根据 $R_x = (R_1 / R_2) R$ 估计 R 值，测量盘放置该值。

使电桥平衡，电桥标度盘和量程变换系数之积即为 R_x 的值。为了保证测量精度，标度盘至少为 $100 \, \Omega$，尽量用到 $1\,000 \, \Omega$。当测量感性电阻时，"电源"按钮应先接通，然后接通"检流计"按钮，在测量中如发现热电势已影响测量结果时，应在电源回路里接入正反向开关，进行两次测量，取其平均值。

表3.3.1

R_x/Ω		桥臂电阻/Ω		电源电压/V
>	≤	R_1	R_2	
10^2	10^3	10^2	10^2	1.5
10^3	10^4	10^3	10^2	3
10^4	10^5	10^4	10^2	6
10^5	10^6	10^4	10	6

【实验内容】

（1）将检流计调好零点，估计线电路电流的数量级去选择检流计灵敏度挡，通常从最低灵敏度挡（0.01 挡）开始，如偏转不大，可逐步转到高灵敏度挡测量，测量前或测量完毕，务必使检流计处于短路状态。

（2）测量高电阻的阻值。

① 按图 3.3.3 所示位置将电路接好。

② 粗调单臂电桥，先接通电源按下 K_4，接通检流计，按下电桥的粗调旋钮。将标度盘的×100 挡，从 0、1、2、…、10 按顺序转动。若发现检流计在标度盘某值和该值＋1 处向两边偏转，则平衡时的 $R_内$ 必在此两者之间，此时将 $R_内$ 放在该值×100 处，再顺次调节 $R_内$×10 挡、×1 挡、×0.1 挡以得到平衡。如此完成粗调。

③ 提高检流计灵敏度的测量挡，按下电桥的细调旋钮。将 $R_内$ 在粗调值附近进行细调。平衡后，记下读数 $R_内$。

④ 重复数次测定 $R_内$。

（3）对测得值进行误差分析并和电阻标度值进行比较。

【数据记录及处理】

（1）将数据记入表 3.3.2 中。

表 3.3.2

样品标定阻值	R_1/Ω	R_2/Ω	R_1/R_2	$R_内/\Omega$	R_x/Ω

（2）求出测量值的平均误差，并比较标定值和测量值。

【注意事项】

（1）连线各接头必须干净、接牢，避免接触不良。

（2）测低电阻时，通过待测电阻的电流较大，在测量过程中，通电时间应尽量短，即不能将 B、G 两按钮同时长时间按下，以避免待测电阻和导线发热造成测量不准。测量时，应先按 B 后按 G，断开时，必须先断开 G 后断开 B，并养成习惯。（想一下为什么。）

（3）电桥测量应按照表 3.3.1 的规定，尽可能用第 1 标度盘读出被测电阻值的第一位数字，从而使测得值更为准确，并可减少电阻元件的消耗功率（如有条件用高灵敏度的检流计时，则电源电压和线路电流都可相应减小）。

（4）当使用环境湿度比较低（即干燥）时，测量时可能发生静电干扰，可将电桥接地端钮和检流计接地端钮连在一起，接地后即可消除。

（5）用两端式电桥（单臂电桥）测量较高电阻值电阻时，若发生泄漏电流干扰时，可采用对称电路法，如图 3.3.4 所示。

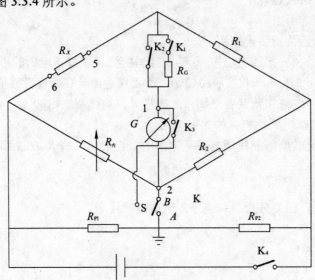

图 3.3.4　QJ-19 型直流电桥对称法测量线路原理图
R_{P1} 及 R_{P2}—外接等效可变电阻器；S—外接转换开关

依靠调节 R_{P1}、R_{P2} 使检流计两端和大地等电位，即

$$\frac{R_{P1}}{R_{P2}} = \frac{R_{内}}{R_2} = \frac{R_x}{R_1}$$

附表一：QJ-19 直流单双臂电桥各量程的等级指数

型式	四端式电桥/Ω			两端式电桥/Ω	
量程范围	$10^{-5} \sim 10^{-4}$	$10^{-4} \sim 10^{-3}$	$10^{-3} \sim 10^2$	$10^2 \sim 10^5$	$10^5 \sim 10^6$
等级指数/%	0.5	0.1	0.05	0.05	0.5

附表二：电桥可能发生的故障原因及维修方法

检测项目		测试点端钮位置代码	常见故障		
			现　象	原　　因	维修方法
量限变换电阻	R_1	1 与 6	接触不良	转换开关接触不良或电刷位置隔挡	清洁触点，调整电刷压力或位置，必要时应更换
	R_2	两端式 1 与 7 （包括短路片）	短　路	相邻导线相碰或电阻短路	调整导线间隔距离，更换短路电阻
		四端式 2 与 7 （不包括短路片）	断　路	接点假焊、脱落或电阻断路	接点重新焊接，更换断路电阻
标度盘电阻	$R_内$	3 与 7	阻值变差大	开关接触电阻、热电势变化或电阻阻值变化超差	清洁触点，调整电刷压力，调整电阻误差精度，变化严重的应予更换
	$R_外$	4 与 6			
按钮	K_1	6 与 7 K_3 接通	接触不良	触点氧化、骨或接触片弹性变差	清洁触点，调整接触片弹性或更换零件
	K_2	6 与 7 K_3 接通			
	K_3	7 与 8 K_2 接通			

实验 4　用双臂电桥测低电阻

由惠斯通电桥加以改进而成的开尔文电桥（即双臂电桥或四端式电桥）避免了附加电阻的影响，适用于 $1.0 \times 10^{-5} \sim 1.0 \times 10^{2}\,\Omega$ 电阻的测量。

【实验目的】

(1) 了解双臂电桥测量低电阻的原理和方法。

(2) 学会用双臂电桥测量导体的电阻率。

【实验仪器】

QJ-19 型直流单双臂电桥、滑线变阻器、标准电阻（$0.1\,\Omega$ 或 $0.01\,\Omega$）、检流计、待测电阻（金属棒）、直流稳压电源、电流表、螺旋测微器、米尺等。

【实验原理】

若用惠斯通电桥测量 $1\,\Omega$ 以下的低电阻，由于连接导线的电阻和接线柱的接触电阻的影响（数量级为 $10^{-5} \sim 10^{-2}\,\Omega$），会使结果产生不可忽略的误差。为了减少误差，要用双臂电桥测量。

仪器的简化线路图如图 3.4.1 所示。

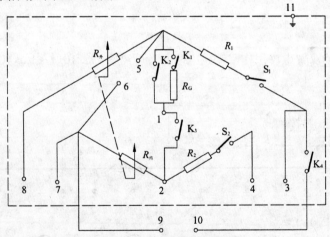

图 3.4.1　电桥简化线路图

S_1、S_2—转换开关，与 R_1、R_2 组成量程变换器；$R_内$、$R_外$—一度刻度盘；R_G—检流计保护电阻；K_1、K_2、K_3、K_4—按钮开关；1、2—四端式电桥接标准电阻的端钮；3、4—四端式电桥接未知电阻的端钮；5、6—两端式电桥接未知电阻的端钮；7、8—接检流计的端钮；9、10—两端式电桥接电源端钮；11—静电屏蔽的端钮

作四端式电桥使用时，短路片从端钮"1""2"处断开，接上标准电阻 R_S，按被测电阻的大小，选取 0.01 级 BZ3 型标准电阻，未知电阻 R_x 接到"7""8"。"1""2"接检流计，S_1、S_2 根据需要放置在一定的位置，电源分别接在 R_x、R_S 各一电流端钮上，R_x、R_S 的另一电流端钮用 γ 导线连接起来，线路如图 3.4.2。

当电桥平衡时，未知电阻按公式（3.4.1）计算

$$R_x = \frac{R_{内}}{R_2} R_S = \frac{R}{R_2} R_S \qquad (3.4.1)$$

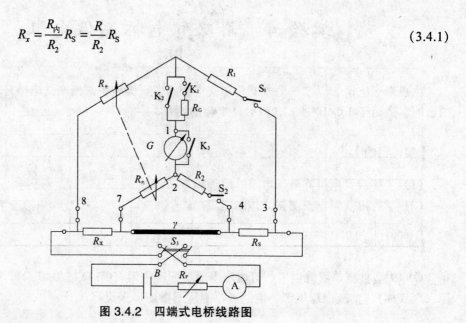

图 3.4.2 四端式电桥线路图

S_3—外接换向开关；A—外接安培表；R_P—外接可变电阻；B—电源；γ—跨线电阻

双臂电桥的灵敏度 $S = S_i S_c$。可见，它可分成两部分，其中 S_i 为电流计的灵敏度，S_c 为电路的灵敏度，两者是独立的，增大其中一个不受另一个的制约，这是电桥线路的优点。提高双臂电桥的灵敏度原则上可以采取选择灵敏度高、内阻小的检流计，提高电源电压等措施。

【仪器介绍】

QJ-19 型直流单双臂电桥用作四端式电桥时，可测量 $1.0 \times 10^{-5} \sim 1.0 \times 10^2 \, \Omega$ 的电阻。测量时按图 3.4.3 接线。

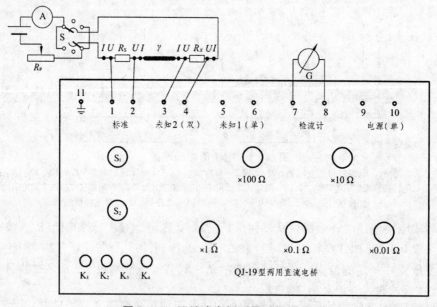

图 3.4.3 四端式电桥测量时接线图

标准电阻按表 3.4.1 选用 0.01 级 BZ3 型标准电阻。

表 3.4.1

R_x/Ω		R_S/Ω	$R_1 = R_2/\Omega$	当调换 R_x 和 R_S 的位置时			
从	到			R_x/Ω		R_S/Ω	$R_1 = R_2/\Omega$
				从	到		
10	100	10	100	10^{-4}	10^{-3}	0.001	1 000
1	10	1	100	10^{-5}	10^{-4}	0.001	1 000
0.1	1	0.1	100				
0.01	0.1	0.01	100				
0.001	0.01	0.001	100				

被测电阻的跨接导线及电位端的连接导线要求:

跨接电阻 $\gamma \leqslant 0.001\ \Omega$,电位端的连接电阻应小于 $0.005\ \Omega$。

把可变电阻放在电阻最大位置,把正反向开关合在任意一方接通电路,再调节可变电阻,使电路中的电流为标准电阻和被测电阻所允许通过的电流数值,按照上表选取 $R_1 : R_2$ 的数值,接通"检流计"按钮"粗"调节测量盘,使检流计指零,接通"细"使电桥平衡。

被测电阻的阻值按 $R_x = (R_S / R_1)R = (R_S / R_2)R$ 来计算。

【实验内容】

(1)将检流计调好零点,估计线电路电流的数量级去选择检流计灵敏度挡,通常从最低灵敏度挡(0.01 挡)开始,如偏转不大,可逐步转到高灵敏度挡测量。测量完毕后,要使检流计处于短路状态。

(2)测量铜棒的电阻率。

① 将待测黄铜棒和标准电阻的四端接线柱,分别接在图 3.4.3 所示位置,标准电阻上间距大的接线柱为电流端,间距小的为电压端。接好电源及检流计,调节输出电压在 5 V 左右,接通换向开关 S 至任一侧,调节变阻器 R_P 使电流输出在 0.3 A 左右。

② 粗调双臂电桥,使 $R_1 = R_2 =$ 适当值,接通检流计,按下电桥的粗调旋钮。先将 $R(= R_{内})$ ×100 挡,从 0、1、2、…、10 按顺序转动。若发现检流计在某一 R 和 $R+1$ 处向两边偏转,则平衡时的 R 必在此两者之间。此时将 R 放在 $R \times 100$ 处,再按顺序调节 $R \times 10$ 挡、×1 挡、×0.1 挡以平衡。如此完成粗调。

如若找不到粗略平衡处,则应检查"$R_1 = R_2 =$ 适当值"是否正确,重复上述找 R_3 的方法以得到粗调值。

③ 再提高检流计灵敏度的测量挡,按下电桥的细调旋钮。将 R_3 在粗调值附近进行细调。得到平衡后,记下此时的读数即为 $R_{正向}$。

④ 扳动换向开关 S,使 R_x 电流反向,照上述③测得 $R_{反向}$。重复测 $R_{正向}$ 和 $R_{反向}$ 各两次,分别代入公式(3.4.2)求出 R_x,再求出 $\overline{R_x}$。

⑤ 用卷尺测量两个电压接头之间长度 l_2 和两个电流接头内侧之间长度 l_1,用千分尺测量

铜棒的直径 d，在不同的地方测 3 次，求平均值。计算出电阻率 ρ

$$\rho = R_x \frac{A}{l} = R_x \frac{\pi d^2}{4l} \tag{3.4.2}$$

（3）测量铝棒的电阻率。重复上述方法，并计算出铝棒的电阻 R 及电阻率 ρ。

【数据记录及处理】

（1）数据记录（见表 3.4.2）。

表 3.4.2

样　品	$R_2 = R_1 = ?(\Omega)$	$R_{正均}/\Omega$	$R_{反均}/\Omega$	R_x/Ω	$\overline{R_x}/\Omega$	d		$\overline{d}$	l	ρ
黄铜棒										
铝　棒										

（2）数据处理。

① 误差分析。

$$E = \frac{\Delta \rho}{\rho} = \frac{\Delta R_x}{R_x} + \frac{\Delta l}{l} + \frac{2\Delta d}{d} \tag{3.4.3}$$

式中，ΔR_x 是待测电阻的最大系统误差，它是由转换开关电阻箱 R 值所确定的；Δl 是米尺的最大允许误差；Δd 是千分尺的最大误差。

求出相对误差 $\Delta \rho / \rho$ 后，再求出绝对误差 $\Delta \rho$，并正确表达测量结果。

② 用最小二乘法，如测量了多组不同 l 值下的 R_x，则可以拟合 R_x-l 曲线，并求出电阻率 ρ。

【注意事项】

（1）连线各接头必须干净、接牢，避免接触不良。R_x 与 R_N 电流端连线应选用短粗的导线。

（2）测低电阻时，通过待测电阻的电流较大，在测量过程中，通电时间应尽量短暂，即不能将 B、G 两按钮同时长时间按下，以避免待测电阻和导线发热造成测量不准。测量时，应先按 B 后按 G；断开时，必须先断开 G 后断开 B，并养成习惯。（想一下为什么。）

【思考题】

（1）双臂电桥与惠斯通电桥有哪些异同？

（2）为什么低电阻要用四端连线方式？如果四端电阻的电流端和电压端接反了，对测量结果有什么影响？为什么 R_x 与 R_N 电流端连线应选用短粗的导线？

（3）电桥测量应按照表 3.4.2 的规定，尽可能用第 1 标度盘读出被测电阻值的第一位数字，从而使测得值更为准确，并可减少电阻元件的消耗功率（如果有条件采用高灵敏度的检流计，则电源电压和线路电流都可相应减小）。

（4）当使用环境湿度比较低（即干燥），测量时可能发生静电干扰，可将电桥接地端钮和检流计接地端钮连在一起，接地后即可消除。

附表：某些材料的电阻率（20 ℃ 时）及温度系数

材　料	电阻率/$\mu\Omega \cdot m$	温度系数/$℃^{-1}$	材　料	电阻率/$\mu\Omega \cdot m$	温度系数/$℃^{-1}$
铝	0.028	42×10^{-4}	康铜	0.47 ~ 0.51	$(-0.04 \sim 0.01) \times 10^{-3}$
铜	0.017 2	43×10^{-4}	镍铬合金	0.98 ~ 1.10	$(0.03 \sim 0.4) \times 10^{-3}$
铁	0.098	60×10^{-4}	钢	0.10 ~ 0.14	6×10^{-3}
银	0.16	40×10^{-4}	金	0.024	40×10^{-4}

实验 5　示波器的使用

【实验目的】

（1）了解示波器的结构和工作原理。
（2）初步掌握示波器各个旋钮的作用和使用方法。
（3）学习使用示波器观察电信号的波形，测量电压和频率。
（4）学习用示波器观察李萨如图形和用李萨如图方法测量正弦信号的频率。

【实验仪器】

示波器、低频信号发生器、待测信号源。

【实验原理】

1. 示波管的构造及其作用

示波管是示波器的心脏，其内部结构如图 3.5.1 所示。示波管是呈喇叭形抽成真空的玻璃泡，其内有一个电子枪、一对垂直（Y 轴）偏转板、一对水平（X 轴）偏转板和一个荧光屏。

电子枪由灯丝 F、阴极 K、栅极 G 及一组阳极 A 所组成。灯丝通电后炽热，使阴极发射电子。由于阳极电位高于阴极，所以电子被阳极加速。当高速电子撞击在荧光物质上

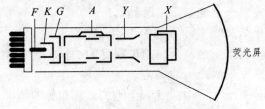

图 3.5.1　示波管内部结构

发光时，在荧光屏上就能看到一个亮点。改变阳极电位，可以使不同发射方向的电子恰好会聚在荧光屏上某一点，这种调节称为聚焦。栅极 G 电位较阴极 K 低，可以控制电子枪发射电子流的密度，甚至完全不使电子通过，这称之为辉度调节，即调节荧光屏上亮点的亮暗程度。

X 偏转板是垂直放置的两块电极，当 X 偏转板上和 Y 偏转板上的电压均为零时，电子正好射在荧光屏正中 P 点。如果在 X 偏转板上加上电压，则电子束受到电场力的作用，运动方向在水平方向发生偏移，如所加的电压随时间而不断发生变化，P 点的位置也跟着在水平线上左右移动。P 点在水平方向上的位移与加在 X 偏转板上的电压 U_X 成正比，若电压变化很快，则在荧光屏上看到的是一条亮线。

Y 偏转板是水平放置的两块电极。在 Y 偏转板加上电压时，电子束受到电场力的作用，运动方向在垂直方向上发生偏移，如图 3.5.2 所示。

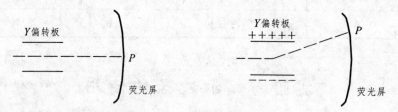

图 3.5.2　电子束偏转原理

2. 偏转板对电子束的作用

由示波管的构造我们可以知道，如果在 Y 偏转板加一个随时间作正弦变化的电压，但在 X 偏转板不加电压，我们在荧光屏上只能看到一条铅直的亮线，而看不到正弦曲线。如果想要在荧光屏上展现正弦波，那就需要将光点延 X 轴方向拉开，即必须在 X 偏转板上也加上电压。由于 Y 轴上加的电压的波形是随时间变化的，所以希望 X 轴光点的移动能

图 3.5.3　U_x 波形

代表时间 t，因此可以在 X 轴偏转板上加一个与时间成正比的锯齿形电压 U_X，如图 3.5.3 所示，这样就能在荧光屏上显示出信号电压 U_Y 和时间 t 的关系曲线，其原理如图 3.5.4 所示。

设在开始时刻 a，电压 U_Y 和 U_X 均为零，荧光屏上亮点在 A 处。时间由 a 到 b，在只有电压 U_Y 作用时，亮点沿铅直方向的位移为 $\overline{bB_Y}$，屏上亮点在 B_Y 处。而在同时加入 U_X 后，电子束既受 U_Y 作用向上偏转，同时又受 U_X 作用向右偏转（亮点水平位移为 $\overline{bB_x}$），因而亮点不在 B_Y 处，而在 B 处。以此类推，随着时间的推移，便可显示出正弦波形来，完成一个波形后的瞬间，光点立刻返回到原点，完成一个周期。所以，在荧光屏上看到的正弦曲线实际上是两个相互垂直的运动 $U_Y = U_{Ym} \sin \omega t$ 和 $U = U_{Xm} t$ 合成的轨迹。光点沿 X 轴线性变化及反跳的过程称为扫描，锯齿波电压 U_X 称为扫描电压，它是由示波器内的扫描发生器产生的。

图 3.5.4 中是 U_Y 和 U_X 的周期相等的情况，荧光屏上出现 1 个正弦波。若 $f_Y = n f_X$，$n=1$，2，3…，则荧光屏上将出现 1 个，2 个，3 个……稳定的正弦波。

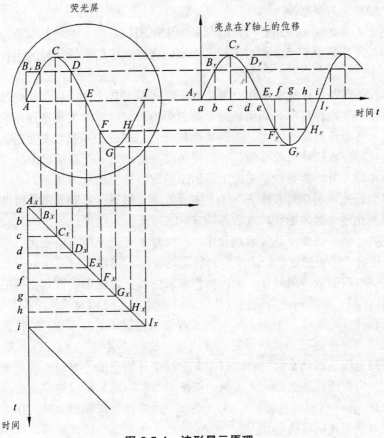

图 3.5.4   波形显示原理

3. 示波器控制电路的功能

示波器控制电路主要包括垂直放大电路、水平放大电路、扫描发生器、同步电路以及电源等部分，如图 3.5.5 所示。

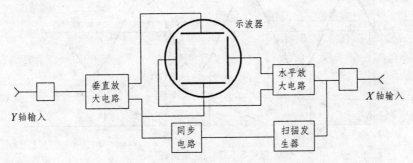

图 3.5.5   示波器控制电路组成框图

（1）垂直放大电路，它的功能是把从 Y 轴输入的待测信号进行放大，加到 Y 偏转板上。

首先是要不失真地放大待测的电信号，同时保证示波器测量灵敏度的要求。示波器垂直输入灵敏度的单位为 V/div 或 mV/div，div 为荧光屏上 1 格的长度。例如，当示波器的垂直输入灵敏度选择开关旋至 1 V/div 时，在 Y 轴输入一个 2 V（峰-峰值）的信号，则示波器荧

85

光屏垂直方向显示应为 1 格。

此外，还要求垂直放大电路有一定的频率响应范围，足够大的增益调节范围和比较高的输入阻抗。输入阻抗是表示示波器对被测系统影响程度大小的指标，输入阻抗愈高，对被测系统的影响愈小。

（2）扫描发生器与水平放大电路。其功能是在 X 偏转板上加上锯齿波电压。

扫描发生器产生线性良好、频率连续可调的锯齿波信号，作为波形显示的时间基线。水平放大电路将上述锯齿波信号放大，送到 X 偏转板，以保证扫描基线有足够的宽度。另外，水平放大电路也可以直接放大外来信号，这样示波器可作为 X-Y 显示之用。

（3）同步电路。其功能是在示波器上显示出稳定的被测信号的波形。

只有当 Y 偏转板上的信号频率 f_Y 为 f_X 的整数倍时，波形才是稳定的。但是 f_Y 是由被测电压决定的，而 f_X 由示波器内锯齿波发生器决定，二者无关。虽可以调节锯齿波的扫描范围和扫描微调，使 $f_Y = nf_X$，但由于在实验过程中，f_Y 和 f_X 不可避免地有所变化，因此不容易维持 $f_Y = nf_X$，也就是波形是不稳定的。为了得到稳定的波形，可以采用同步的方法。同步电路从垂直放大电路中取出部分待测信号，输入到扫描发生器，迫使锯齿波与待测信号同步，这种同步称为"内同步"。如果同步电路信号从仪器外部输入，则称为"外同步"；如果同步信号从电源变压器获得，则称为"电源同步"。为了有效地使显示的波形稳定，目前多数的示波器都采用触发扫描电路来达到同步的目的。操作时，使用"电平"（LEVEL）旋钮改变触发电平高度，当待测电压达到触发电平时，扫描发生器便开始扫描，直到一个扫描周期结束。扫描周期的长短，由扫描速度选择开关控制。如图 3.5.6 所示，锯齿波电压在待测信号处于触发电平值，且在 $\mathrm{d}U_Y/\mathrm{d}t$ 符号相同的 A，A_1，A_2，…点处开始扫描，于是，在荧光屏上就能稳定地显示出从 A 到 P（以及从 A_1 到 P_1，从 A_2 到 P_2，…）那一段波形来。需要注意的是，如果触发电位高度超出所显示波形最高点与最低点的范围，将导致锯齿形扫描电压消失、扫描停止，所以，通常我们把触发电平高度调节在波形的最高点与最低点的当中区域附近。

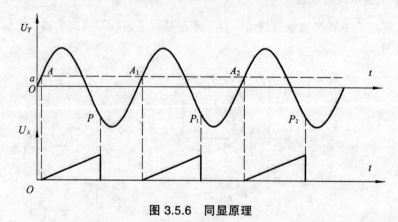

图 3.5.6　同显原理

（4）电源，它为示波管和示波器各部分电路提供合适的电源，使它们能正常工作。

4. 用示波器观察李萨如图形与测量正弦信号的频率

在示波器 X 偏转板上加上锯齿电压进行扫描时，在一个扫描周期内，扫描电压是随时间成正比地增加，因此锯齿形电压扫描的过程又称为线性扫描。除了线性扫描以外，在 X 偏转板（即 X 轴输入端）上也可以加上其他波形的扫描电压，称为非线性扫描。

如果在示波器的 X 和 Y 偏转板上分别输入两个正弦信号，且它们频率的比值为简单整数，这时荧光屏上就显出李萨如图形，它们是两个互相垂直的简谐振动合成的结果。如用 f_X 和 f_Y 分别代表 X 轴与 Y 轴输入信号的频率，n_X 和 n_Y 分别为李萨如图形与假想水平线及假想垂直线的切点数目，它们与 f_X、f_Y 的关系是

$$f_Y / f_X = n_X / n_Y$$

如图 3.5.7 所示，如果 f_X 已知，从荧光屏上的图形求出 n_X 和 n_Y，由上式可算出 f_Y，因而用李萨如图形可以测量正弦信号的频率。

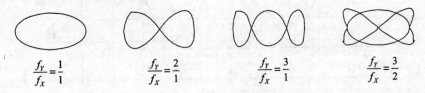

$$\frac{f_Y}{f_X} = \frac{1}{1} \qquad \frac{f_Y}{f_X} = \frac{2}{1} \qquad \frac{f_Y}{f_X} = \frac{3}{1} \qquad \frac{f_Y}{f_X} = \frac{3}{2}$$

图 3.5.7　李萨如图形

【实验内容】

（1）仔细阅读示波器和低频信号发生器的使用说明书。掌握仪器上各个开关、控制器等的作用，熟悉示波器和低频信号发生器的使用方法。

（2）观察波形。

① "AC⊥DC" 转换开关置于 "AC"。

② 先观察正弦波。将待测信号直接输进 "Y 轴输入" 端。具体接法如下：同轴电缆线的接地端夹在待测信号源的 "3"（接地端）上，另一端接在信号发生器 "5" 端（正弦电压输出端）。

③ 调节 V/div 选择开关，使屏上波形的垂直幅度在坐标刻度以内。调节 t/div 扫描开关，使屏上出现一个变化缓慢的正弦波形。调节 "LEVEL" 电平旋钮，使波形稳定。

④ 调节 t/div 扫描开关，改变扫描的频率，观察正弦波形的变化，使屏上出现 2 个、3 个……正弦波形。试考虑 t/div 开关应上调还是下调，为什么？

（3）交流电压的测量。设有一待测信号在荧光屏上的波形如图 3.5.8 所示，根据荧光屏 Y 轴坐标刻度，读得信号波形的峰-峰值为 D_Y div（图 3.5.8 中 $D=3.6$ 格）。如果 V/div 挡级标称值为 0.2 V/div，则待测信号峰-峰值为

$$U_{\text{p-p}} = 0.2 \text{ V/div} \times D_Y \text{ div} = 0.2 \times 0.36 = 0.72 \text{（V）}$$

测量电压峰-峰值时，要注意选择适当的 V/div 值，即在满足测量范围的前提下，V/div 值尽可能选得小些，以使所显示的波形尽可能大一些，以提高测量精度。

根据荧光屏上刻度的情况，试考虑如何调节波形的位置，以使准确地读出 D_Y 值。读数前检查一下 V/div 选择开关的浅色微调旋钮是否已顺时针旋足。

（4）时间测量。图 3.5.8 中 P、Q 两点间的时间间隔 t 就是正弦电压 U_Y 的周期 T_Y。根据荧光屏 X 轴坐标刻度，读得信号波形 P、Q 两点间的水平距离为 D_X div（图 3.5.8 中 $D_X=4.0$

格），如果 t/div 扫描开关挡级的标称值为 0.5 ms/div，则 P、Q 两点间的时间间隔为

$$t=0.5 \text{ ms/div} \times D_X \text{ div} = 0.5 \times 4.0 \text{ ms} = 2.0 \text{ ms}$$

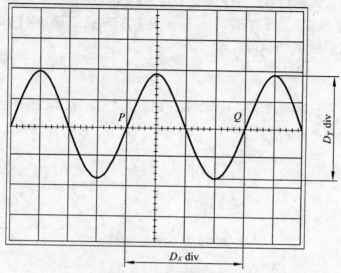

图 3.5.8　待测信号波形

因为正弦电压周期 $T=2.0$ ms，所以正弦电压的频率

$$f_Y = 1/T_Y = 1/(2.0 \text{ ms}) = 500 \quad (\text{Hz})$$

（5）正弦波观测完毕，可以继续观测半波整流、衰减振荡、三角波和方波等波形，并分别测量它们的电压峰-峰及其周期、频率等。

（6）观察李萨如图形，测量正弦信号频率。

把 X 轴控制部分的"触发信号极性开关"拨在"EXE　X"，将另一待测信号源产生的正弦信号送入示波器的"Y 轴输入"端，再将低频信号发生器产生的正弦信号送入"X 轴输入"端，变化此信号的频率，可在示波器上看到李萨如图形。分别调节 $n_Y : n_X$ 为 1:1，2:1，3:1，1:2，1:3 等，求出待测信号源正弦信号频率的平均值。

【数据记录及处理】（见表 3.5.1、表 3.5.2）

表 3.5.1　观察与测量电压波形

待测信号源 输入端编号	波形	电压峰-峰值			周　　期			频率 f/kHz
		V/div 标称值/ （V/div）	D_r/div	$U_{\text{p-p}}$/V	t/div 标称值/ （ms/div）	D_x/div	T/ms	

表 3.5.2　观察李萨如图形，测量正弦信号频率

李萨如图形	f_X/kHz	n_Y	n_X	$f_Y = f_X n_X / n_Y$

【思考题】

（1）示波管由哪几部分组成？示波器的辉度调节、聚焦调节是分别调节电子枪中的哪些部件的电位？

（2）示波器"电平"旋钮的作用是什么？什么时候需要调节它？观察李萨如图形时，能否用它把图形稳定下来？

（3）如果示波器是良好的，但由于某些旋钮的位置未调好，荧光屏上看不见亮点，问哪几个旋钮位置不合适可能造成这种情况？应该怎样操作才能找到亮点？

（4）一正弦电压信号从 Y 轴输入示波器，荧光屏上仅显示一条铅直线。试问，这是什么原因？应调节哪些开关和旋钮方能使荧光屏显示出正弦波来？

（5）为了提高示波器的读数准确度，在实验中应注意哪些问题？用示波器测量信号的电压峰-峰值和周期，其测定值能得到几位有效数字，为什么？

（6）示波器能否用来测量直流电压？如果能测，应如何进行？

实验 6　静电场的描绘

【实验目的】

（1）学习用模拟法研究静电场。
（2）学习描绘场结构的等位线和电场线的方法。
（3）加深对静电场的理解。

【实验仪器】

DZ-2 型静电场描绘仪、直流稳压电源、AC 12 V 静电场描绘电源或其他交流电源、电压等分器、检流计（或微安计）、交流毫伏表、记录装置、米尺和游标尺、开关及导线。

【实验原理】

在一些电子器件和设备中，有时需要知道其中的电场分布。电场分布一般都通过实验的方法来确定。直接测量电场有很大的困难，所以实验时常采用模拟法，即仿造一个与原电场完全一样的电场（模拟场）。当用探针去测模拟场时，不会受干扰，因此可间接地测出被模拟的电场中各点的电位，连接各等电位点作出等位线。根据电力线与等位线的垂直关系，描绘出电力线，即可形象地了解电场情况。

1. 两点电荷的电场分布

如图 3.6.1 所示，两点电荷各带等量异号电荷，其上分别为＋和－，由于对称性，等电位面也是对称分布的，电场分布图见图 3.6.2。

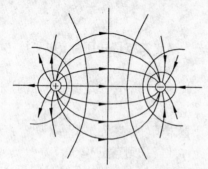 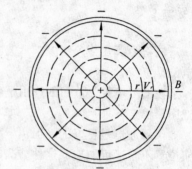

图 3.6.1　点电荷的电场分布　　　　图 3.6.2　同轴柱面的电场分布

做实验时，是以导电率很好的自来水填充在水槽电极的两极之间。若在两电极上加一定的电压，可以测出自来水中两点电荷的电场分布与长平行导线的电场分布相同。

2. 同轴柱面的电场分布

如图 3.6.2 所示，圆环 B 的中心放一正点电荷，圆环 B 加上与点电荷等量的负电荷，由于对称性，等位面都是同心圆，电场分布的图形见图 3.6.2。

若没图 3.6.2 小圆的电位为 V_a，半径为 a，大圆的电位为 V_b，半径为 b，则电场中距离轴心为 r 处的电位 V_r 可表示为

$$V_r = V_a - \int_a^r E \cdot \mathrm{d}r \tag{3.6.1}$$

又根据高斯定理，则圆柱内 r 点的场强为

$$E = K/r \quad （当 a<r<b 时） \tag{3.6.2}$$

式中，K 由圆柱的线电荷密度决定。

将式（3.6.2）代入式（3.6.1），得

$$V_r = V_a - \int_a^r \frac{K}{r} \mathrm{d}r = V_a - K \ln \frac{r}{a} \tag{3.6.3}$$

在 $r=b$ 处应有

$$V_b = V_a - K \cdot b/a$$

所以

$$K = \frac{V_a - V_b}{\ln(b/a)} \tag{3.6.4}$$

如果取 $V_a = V_0$、$V_b = 0$，将式（3.6.4）代入式（3.6.3），得到

$$V_r = V_0 \frac{\ln(b/r)}{\ln(b/a)} \tag{3.6.5}$$

为了计算方便，上式也可写作

$$V_r = V_0 \frac{\lg(b/r)}{\lg(b/a)} \tag{3.6.6}$$

3. 聚焦电极的电场分布

示波管的聚焦电场是由第一聚焦电极 A_1 和第二加速电极 A_2 组成，A_2 的电位比 A_1 的电位高。电子经过此电场时，由于受到电场力的作用，将会发生聚焦和加速。

做模拟实验时，将图 3.6.3 所示的两电极固定在水槽内，并在两电极上加适当的电压，便能得到图 3.6.3 所示的电场分布。

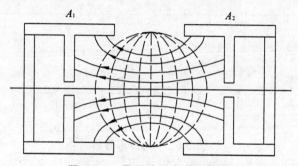

图 3.6.3 聚焦电极的电场分布

当电极接上交流电上时，产生的交流电场中的瞬时值是随时间变化的，但交流电压的有效值与直流电压是等效的。所以在交流电场中用交流毫伏表测量有效值的等位线与在直流电场中测量同值的等位线，其效果和位置完全相同。

【仪器介绍】

1. 静电场测定仪

静电场测定仪如图 3.6.4 所示。上层板和下层板用四根立柱支承其间，下层板上可以放置静电场描绘水槽。移动座可在下层板上移动，以改变下探针的测量位置。上层板上装有压板，可以压紧描绘纸；上探针可在描绘纸上重复下探针所在点的相应位置。上探针上装有弹簧，一般不与描绘纸接触；当用手压弹簧时，上探针往下运动，并在描绘纸上压出一个小孔。

2. 电压等分器

电压等分器是用 10 个等值电阻（每个电阻值为 1 kΩ）串联安装在绝缘板上制成的，如图 3.6.5 所示。A、B 两端接上电源后，任意两个相邻接头间的电压均相等，为 $V_0/10$。在 B 端

接地时，自左至右各接头的电位分别为$+V_0$、$+9V_0/10$、$+4V_0/5$、$+7V_0/10$、$+3V_0/5$、$+V_0/2$、$+2V_0/5$、$+3V_0/10$、$+V_0/5$、$+V_0/10$、0 等。

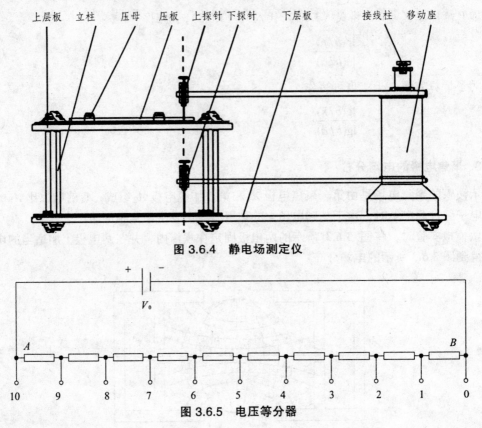

图 3.6.4 静电场测定仪

图 3.6.5   电压等分器

【实验内容】

将静电场描绘水槽注入水后（加入的水以水面恰好没过电极为宜），放在静电场描绘仪的上、下层板的四个支柱之间。（注意：实验过程中水槽不能移动，否则实验需要重做。）

1. 确定电场中心位置

先在水槽中任意选定两条外电极环的直径，然后移动探针移动座，使下探针先后与这两条直径的两端点接触，并让上探针分别在描绘纸上压出四个与下探针相对应的小孔，两对相对应的小孔的连线交点即为电场中心位置，用铅笔轻轻作个记号。（注意：实验过程中描绘纸也不能移动，否则需要重新进行实验。）

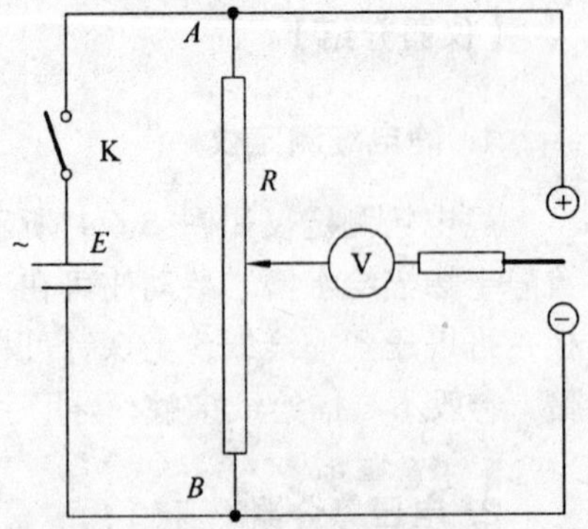

图 3.6.6   分压电路

2. 测量等位线

按照图 3.6.6 连成分压电路，E 可取 AC12 V 静电场描绘电源或其他交流电源（也可用直流稳压电源），R 为电压等分器。V 表可用交流毫伏表（晶体管毫伏表）或 MF30 万用表的 10 V 挡等，若使用直流稳压电源，则 V 表改用检流计或微安计。

① 按图 3.6.7 连接好线路（此图为同轴柱面的电场分布测量接线图，电场可更换水槽），电源电压 E 取 10 V，并接通电源。

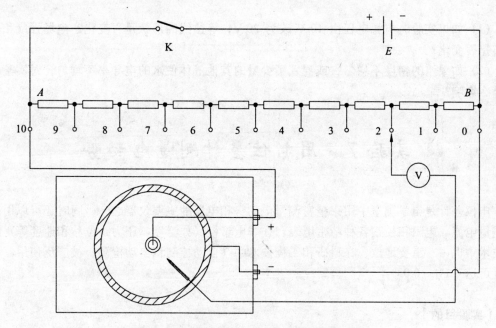

图 3.6.7 同轴柱面的电场分布测量接线图

② 将检流计一端插在电压等分器的一孔（如 9 孔）上，然后沿任意一矢径方向移动移动座，使下探针与水作点接触，当触点的电位和"9"孔的电位相等时，检流计两端没有电位差，指针指零，此时将上探针在描绘纸上压出一个小孔，用直尺量出该等位点至圆心的距离，即半径 r。

③ 绕圆心均匀在 6 个方向上重复步骤②，找出其他各等位点，同时测量各等位点至圆心的距离 r，填入表格内，并求出平均半径 $\bar{r}$。

④ 将检流计一端依次插在 8、7、6、5、4、3、2、1 孔中，重复步骤②、③。

⑤ 更换使用的水槽电极进行实验，可测量两点电荷的电场分布、聚焦电极的电场分布。

【数据记录及处理】

自己设计方法描绘出所测量的电场的等位线和电场线。

【注意事项】

（1）水槽由有机玻璃制成，如使用时摔裂，可用 CH_4Cl_3 滴到开裂外。

（2）电极与铜导线保持良好接触，实验完后，将水槽中的自来水倒净控干。

（3）实验全部做完后，用很稀的盐酸溶液洗水槽和电极，再用自来水冲净，以便长期重复使用。

【思考题】

（1）如果实验时电源电压由 10 V 改为 20 V，等位线的形状是否变化？电场强度和电位分布是否变化？

（2）如果水的密度不均匀，或混入了少量的其他液体使水的电导率不均匀，对实验会带来什么影响？

实验 7　用电位差计测量电动势

电位差计是电学测量中用来精密测量电动势和电压的主要仪器之一，同时还可以用来间接测量电流、电阻和校正各种精密电表，在非电参量（如温度、压力、位移和速度等）的电测技术中也占有重要地位，在科研和工程技术中（自动控制和自动检测）被广泛使用。测量精度可达 0.1%～0.03%。

【实验目的】

（1）理解并掌握电位差计测量电动势的原理和方法。
（2）学习箱式电位差计的使用。
（3）学习使用箱式电位差计对热电偶标定。

【实验仪器】

UJ31 型箱式电位差计、检流计、标准电池、直流稳压电源、干电池、电阻箱、滑线变阻器、温差电偶（铜-康铜，$\varepsilon \approx 4.0$ mV/100 ℃）装置等。

【实验原理】

1. 电位差计原理

我们知道，用伏特表并联在电池两端，伏特表测得的是电的端电压 U，而不是电池的电动势。引起误差的根本原因在于电池有内阻，当有电流渡过时便会产生内压降。要消除这个误差，就要求电池中无电流。但是，没有电流流过，伏特计就没有读数，所以，要测量电池电动势就要另行设计合适的测量电路。

电位差计的作用原理是根据补偿法，使被测电动势与标准电动势相比较，当检流计指零时，则有被测电动势与标准电动势相等，从而获得测量结果。其原理线路图如图 3.7.1 所示。

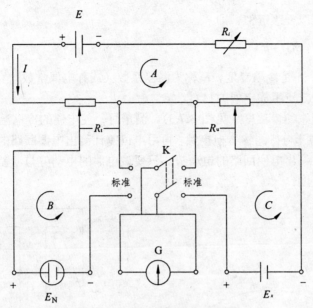

图 3.7.1　电位差计原理线路图

E—电源；E_N—标准电势；E_x—被测电势；I—工作电流；K—转换开关；G—检流计；A—电源回路；B—标准回路；
C—测量回路；R_i—工作电流调节（盘）电阻；R_t—标准电池电势补偿电阻；R_u—测量盘电阻

测量时先将转换开关"K"放在"标准"位置，调节"R_i"使检流计指零，即

$$E_N = IR_t \tag{3.7.1}$$

由式（3.7.1）得已调整好的工作电流

$$I = \frac{E_N}{R_t} \tag{3.7.2}$$

然后将转换开关"K"转至"未知"位置，利用"R_u"的调节使检流计指零，即

$$E_x = IR_u \tag{3.7.3}$$

将式（3.7.2）代入式（3.7.3），得

$$E_x = \frac{R_u}{R_t}E_N \tag{3.7.4}$$

由式（3.7.4）可知，当"E_N"值为已知时，则被测电势"E_x"的准确度取决于"R_u"与
"R_i"的比值误差。

2. 温差电偶的原理

把两种不同的金属或不同成分的合金（A 和 B）两端彼此焊接（或熔焊）成一闭合回路
（见图 3.7.2），若两结点保持在不同的温度 t 和 t_0，则回路中产生温差电动势 ε。温差电动势的
大小除了和组成电偶的材料有关外，还取决于两结点的温度差 $(t-t_0)$，所以

$$\varepsilon = K(t_1-t_0) + \frac{1}{2}L(t_1-t_0)^2$$

在温差不太大时，可取一级近似，即

$$\varepsilon = K(t - t_0)$$

其中，t 是热端温度；t_0 是冷端温度；K 称为温差系数（或称电偶常数），它代表温差 1 ℃ 时的电动势，其大小决定于组成电偶的材料。

温差电偶可以用来测量温度（见图 3.7.3）。测量时，使电偶的冷端温度 t_0 保持恒定（通常保持在冰点），热端 t 与待测物体相接触，再用电位差计测出电偶回路的电动势或用高阻抗的数字电压表近似地测出电偶回路的电动势。只要该电偶的电动势与温差间的关系进行了标定，就可用来测量温度。

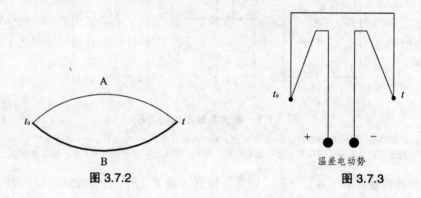

图 3.7.2　　　　　　　　　　图 3.7.3

【仪器介绍】

1. UJ31 型电位差计的结构

电位差计所有转换开关、读数盘、测量盘和接线柱等均直接安装在面板上，并装在金属的箱壳内，其面板布置如图 3.7.4 所示。

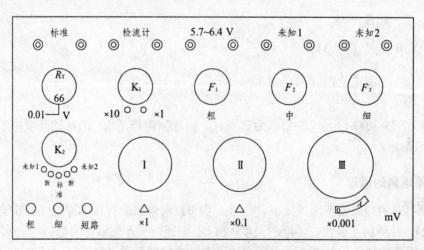

图 3.7.4　UJ31 型电位差计的面板布置图

Ⅰ、Ⅱ—十进位步进测量盘；Ⅲ—滑线式测量盘；A—游标示度尺；R_T—温度补偿盘；K_1—量程转换开关；
K_2—测量选择开关；P_1、P_2、P_3—工作电流调节盘

2. UJ31 型电位差计电路说明

本电位差计的电源电压为 5.7～6.4 V，工作电流为 10 mA。它有 3 个工作电流调节盘。第一个盘是 17 点步进的转换开关构成 $17 \times 4\ \Omega$；第二、三盘均为滑线盘，调节范围为 $0 \sim 72\ \Omega$。标准电池回路由 $101.76\ \Omega$ 的标准电池电势补偿电阻及温度补偿盘（$22 \times 0.01\ \Omega$）组成，标准电池电势温度补偿范围为 $1.0176 \sim 1.0198$ V，最小步进电势为 $100\ \mu V$。本仪器有两个测量端，通过被测量线路选择器开关 K_2 可接通未知 1、未知 2 或标准电池。电位差计的测量盘有 3 个，第 I 测量盘是由 $16 \times 1\ \Omega$ 电阻和 16 步进开关组成；第 II 测量盘是 $10 \times 1\ \Omega$ 电阻和 10 步进代换式开关组成；第 III 测量盘由阻值均为 $2\ \Omega$ 的滑线盘构成，滑线盘上通过的电流大小由内附的 $10\ \Omega$ 滑线电阻来调节。滑线盘旁边有游标，可读出滑线盘一个等分格的 1/16，从而提高了本电位差计的分辨力。由于本电位差计测量线路采用了无零位线路，因而在未知测量回路端无零电势存在。又由于所有的转换开关均采用了银铜材料制成接触件，测量滑线盘采用了抗氧化能力强的电阻和电刷，所以接触点接触电阻热电势性能良好。

本仪器具有量程变换器开关，它能在改变量程时，不需要电位差计重新标准化。量程变换时的各个测量盘量程和分度值如表 3.7.1 所示。

表 3.7.1

测量盘位数		I	II	III
步进电阻值		$16 \times 1\ \Omega$	$10 \times 1\ \Omega$	2.1 Ω/105 等分格
量程指示"×10"	电流	10 mA	1 mA	0.5 mA
	电压	16×10 mV	10×1 mV	1.05 mV/105 等分格
量程指示"×1"	电流	1 mA	0.1 mA	0.05 mA
	电压	16×1 mV	10×0.1 mV	0.105 mV/105 等分格

本仪器只有五组测量端钮，分别可供接入"标准"、"检流计"、"电源"、"未知 1"、"未知 2"连线之用。同时又具有 3 个按钮，可供选择检流计灵敏度"粗"、"细"及检流计"短路"之用。

3. 使用 UJ31 型电位差计测量电压的方法

（1）将测量选择开关 K_2 指示在"断"位置，按钮全部松开。

（2）按面板上所分布的端钮的极性，分别接上"电源"、"标准电池"、"检流计"及"未知 1"或"未知 2"。

（3）按室内温度情况，用下列公式计算出标准电池的电动势 E_t。

$$E_t = E_{20} - [39.94(t-20) + 0.929(t-20)^2 - 0.0090(t-20)^3 + 0.00006(t-20)^4] \times 10^{-6}\ \text{(V)}$$

式中，E_{20} 是室内温度为 20 ℃时的标准电动势值（V）；t 为使用时的实际温度（℃）。

然后把温度补偿盘 R_t 指示在经过计算后的电动势 E_t 相同数值的位置。

（4）按测量需要，将量程开关 K_1 指示在"×10"或"×1"位置，测量选择开关 K_2 指示在"标准"位置。它们最高量程分别为 17.1 mV 或 171 mV。

(5) 按下按钮（先"粗"后"细"），调节工作电流调节盘 $P_1 \sim P_3$，使检流计指零，这一步也叫工作电流校准。

(6) 将测量选择开关 K_2 转至"未知1"或"未知2"的位置，即可测量被测电势 E_x。检流计偏离指零处，按下 K_1"粗"，调节面板上Ⅰ、Ⅱ、Ⅲ读数旋钮，使指针指零后，放松 K_1"粗"，按下 K_1"细"，再调节Ⅲ转盘，使指针指准零点。

(7) 当电势补偿平衡即检流计指零时，可算出被测电动势 E_x 的大小，其值为电位差计上所有测量盘的示值总和乘以量程开关 K_1 倍率，即

$$E_x = (Ⅰ盘读数 \times 1 + Ⅱ盘读数 \times 0.1 + Ⅲ盘读数 \times 0.001) \times 量程倍率$$

【实验内容】

1. 箱式电位差计的使用

① 仪器的调整。将各元件接在面板上相应的位置，调节检流计调零旋钮，使指针指零待用。
② 工作电流标准化。
③ 如图 3.7.5 接好电路测量电压，注意，被测电压不得超过 171 mV。

2. 用 UJ31 型电位差计测量温差电动势

温差电偶仪器的结构及安装。该仪器由温差电偶、加热装置和保温装置等组成(见图 3.7.6)。温差电偶用康铜和铜按图 3.7.2 焊接而成，由 T 形铝支架固定在底座上。分别将冷端 t_0 放入冰水混合物（如不是冰水混合物，也可用室温的水）的保温装置里，热端 t 放入加热装置里，用玻棒温度计测量热端的温度。该装置的铜线又分成两个头，分别焊上红、黑接线叉。

安装时，将底座上的螺母扭松，把 T 形铝支架的缺口插在螺钉上，放正后扭紧螺母，然后分别将电偶的右端慢慢插入冰水保温装置的铜管里，电偶的左端慢慢插入加热装置的铜管里（左右端均应插到绕线的限位点）。红接线叉与底座上的红接线柱相连（"+"端），黑接线叉与底座上的黑接线柱相连（"−"端），电偶装置即安装好。

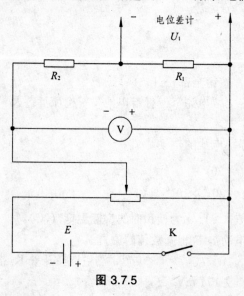

图 3.7.5

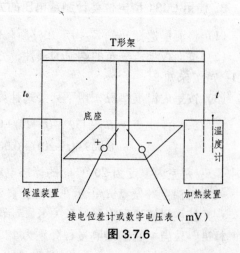

接电位差计或数字电压表（mV）

图 3.7.6

实验前，打开冷端保温装置的盖子，放入准备好的冰块，冰块的数量约到保温装置的 2/3 深（如没有冰水混合物，也可用室温的水），测量出冷端温度 t_0，扭紧保温装置盖，再打开热端的加热装置的盖子，倒入 2/3 深的自来水，盖好胶木圆盖。

插入温度计，将温差电偶的"＋"和"－"端接入数字电压表（mV）或电位差计。

按前面方法校准电位差计的工作电流（实验过程中每隔一段时间需要校准一次工作电流）。通电加热，即可进行实验。每升高约 5 °C 测定一次温差电偶的电动势 ε，同时记下温度 t，直到水沸腾。然后使温度下降，每下降 5 °C，搅拌后测出 E_t、t 值，直到热端比冷端约高 10 °C 时为止。将数据在坐标纸上绘出 E_t-(t、t_0)曲线。

【数据记录及处理】

（1）数据记录。

① 测电位差。

输出端电压 U_x/V	分压倍率 N	电位差计测量值 U_1/V	$U_x = NU_1$/V

输出端电压 U_x 为电压表读数；$N=(R_1+R_2)/R_1$；U_1 为电位差计测得的 R_1 两端电压

② 热电偶标定（冷端温度 $t_0=$ _____ °C）。

热端温度/°C									
温差电动势 E_t/mV									

（2）数据处理。

分析误差并正确表示测量结果。

【注意事项】

（1）标准电池的正确使用很重要，正负极不能接错，更不能提供电流，也不能倾倒和摇晃。

（2）电位差计在测量过程中，若找不到检流计指零位置，必须检查线路及电源的极性。

（3）为使电阻丝不过分发热，实验暂停时，要将电路断开，但要注意工作电路和补偿电路的通断次序。通电时先接通工作电路，后接通补偿电路；断电时先断补偿电路，后断工作电路。以免检流计和标准电池受到永久性破坏。

（4）温差电偶的冷端和热端要慢慢地插入铜管，拔出时也要缓缓操作，以免损坏。

（5）加热装置里一定要有水时才能通电加热。

（6）玻棒温度计的底端与热电偶结点须等高，约处于 1/2 水深处。

（7）在使用前应将电位差计上所有全部旋钮及标度盘转动数次，使所有接触部分，能保持接触良好。

（8）为保证正确的测量，只有电源在稳定状态，才可开始进行测量工作。（接通电源后，根据检流计指示的偏转情况，并观察一个时期的稳定性而定。）

（1）测量电动势时，为什么一般在实验室都用电位差计，而不用方法简便得多的伏特计或万用表？

（2）使用 UJ31 型电位差计时，外接工作电源 E 如不在 5.7～6.4 V 的范围，会出现什么问题？

附表：热电偶标定实例

（冷端 $t_0 = 0 \ ^\circ C$）

$t/^\circ C$	E_t/mV	$t/^\circ C$	E_t/mV
23.8	0.77	60.0	2.20
25.0	0.83	65.0	2.41
30.0	1.03	70.0	2.64
35.0	1.21	75.0	2.85
40.0	1.40	80.0	3.08
45.0	1.60	85.0	3.29
50.0	1.81	90.0	3.51
55.0	2.00		

实验结果分析：

基本上是线性的，$K = 4.0 \times 10^{-5} \ V/^\circ C$。

实验8　用电位差计测量电流和电阻

电位差计是电学测量中用来精密测量电动势和电压的主要仪器之一，它还可以间接用于测量电流、电阻和校正各种精密电表，在非电参量（如温度、压力、位移和速度等）的电测技术中也占有重要地位，在科研和工程技术中（自动控制和自动检测）被广泛使用，其测量精度可达 0.1%～0.03%。

【实验目的】

（1）理解并掌握电位差计测量电池电动势的原理和方法。

（2）学习箱式电位差计的使用。

（3）学习使用箱式电位差测量电流和电阻。

【实验仪器】

UJ31 型箱式电位差计、检流计、标准电池、直流稳压电源、干电池、电阻箱、滑线变阻器、毫安表、被测电阻等。

【实验原理】

1. 电流的测量

如图 3.8.1 所示在被测回路中接入标准电阻，将其电位端按照极性分别接在电位差计"未知"端上，用电压法测量标准电阻 R_N 上的电压降 U_N，则被测电流 I_x 可按下式算得

$$I_x = \frac{U_N}{R_N}$$

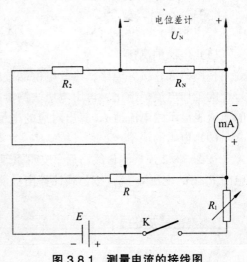

图 3.8.1　测量电流的接线图

选用标准电阻 R_N 的规定：
① 标准电阻上的电压降应 $\leqslant 170$ mV。
② 标准电阻上的负荷不应超过该电阻的额定功率值。

2. 电阻的测量

（1）按图 3.8.2 所示连接测量线路。

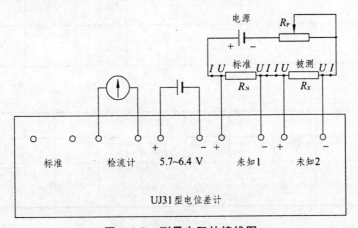

图 3.8.2　测量电阻的接线图

（2）将测量选择开关 K_2 放在"未知 1"位置，按下按钮后，利用变电阻器的 R_p 的调节，使检流计指零时，即测得标准电阻 R_N 上的电压降 U_N，然后将选择开关 K_2 转至"未知 2"，此时调节电位差计测量盘，再次使检流计指零，即测得被测电阻 R_x 上的电压降 U_x，于是有

$$R_x = \frac{U_x}{U_N} R_N$$

由于电阻测量是用两个电压降之比，所以只要电位差计的工作电流稳定，就可以不必用标准电池来校准电位差计的工作电流。

【实验内容】

（1）电流的测量。

按图 3.8.1 接好电路，将其电位端按照极性分别接在电位差计"未知"端上。先把电位差计的工作电流标准化，再用电压法测量标准电阻 R_N 上的电压降 U_N，并记录对应 U_N 值下的电流表显示的电流值 I，算出对应的电位差计测出的电流 I_x。

（2）电阻的测量。

按图 3.8.2 连接测量线路后，按照原理中所述测出标准电阻 R_N 上的电压降 U_N，以及被测电阻 R_x 上的电压降 U_x，按公式计算出被测电阻阻值。

【数据记录及处理】

（1）数据记录。

① 电流的测量。

$R_N =$ _____ Ω

I_x/mA	0.00	2.00	4.00	6.00	8.00	10.00	12.00	15.00
U_x/mV								
$I_x = \dfrac{U_N}{R_N}/mA$								
$\Delta I = \dfrac{U_N}{R_N} - I_s$								

② 热电偶标定。

U_x/mV								
U_x/mV								
$R_x = \dfrac{U_x}{U_N} R_N/\Omega$								

（2）数据处理。

① 分析误差并正确表示测量结果。

② 可计算校准后的毫安表的误差和级别。

设被校准的毫安表在各个测量值的绝对误差为 ΔI_i。则 $\Delta I_i = |$毫安表在某点的读数－电位差计对应点测得值$|$，选取各 ΔI_i 的最大值为 ΔI_{max}，所以，毫安表的级别为

$$\gamma_m = (\Delta I_{max}/量程) \times 100$$

【注意事项】

（1）标准电池的正确使用很重要，正负极不能接错，更不能提供电流。

（2）电位差计在测量过程中，若找不到检流计指零位置，必须检查线路及电源的极性。

（3）为使电阻丝不过分发热，实验暂停时，要将电路断开，但要注意工作电路和补偿电路的通断次序。通电时先接通工作电路，后接通补偿电路；断电时先断补偿电路，后断工作电路。以免检流计和标准电池受到永久性破坏。

（4）在使用前应将电位差计上所有旋钮及标度盘转动数次，使所有接触部分接触良好。

（5）为保证测量的正确，电源应在适当稳定状态时，才可开始进行测量工作（接通电源后，根据检流计指示的偏转情况，并观察一个时期的稳定性而定）。

实验 9 磁场描绘

了解载流圆线圈的磁场是研究一般载流回路的基础。本实验用感应法测定圆线圈的交流磁场，从而掌握低频交变磁场的测定方法，以及了解如何用探测线圈确定磁场方向。

【实验目的】

（1）掌握感应法测磁场的原理和方法。
（2）研究单只载流圆线圈和亥姆霍兹线圈轴线上及周围的磁场分布。

【实验仪器】

亥姆霍兹线圈（含探测线圈 1 个，定位针 1 个，透明垫片 1 个）、低频信号发生器、交流毫伏表（晶体管毫伏表）、探测线圈及毫米方格纸。

【实验原理】

法拉第电磁感应定律指出，处于磁场中的导体回路，其感应电动势的大小与穿过它的磁通量的变化率成正比。因此，可以通过测定探测线圈中的感应电动势来确定磁场量。

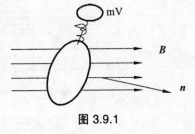

图 3.9.1

1. 均匀磁场的测定

设被测磁场为均匀分布的交变磁场 $B = B_m \sin(\omega t)$，如图 3.9.1 所示，穿过探测线圈的磁通量为

$$\Phi = N \cdot B \cdot S = NB_m S \cos\theta \sin(\omega t) \tag{3.9.1}$$

式中，N、S 分别为探测线圈的匝数和面积；ω 为交变磁场的角频率；θ 为探测线圈法线 n 与磁场 B 之间的夹角。探测线圈中的感应电动势为

$$\varepsilon = -\mathrm{d}\varphi/\mathrm{d}t = -NSB_m \cos\theta \cdot \cos(\omega t) = -\varepsilon_m \cos(\omega t) \tag{3.9.2}$$

式中，$\varepsilon_m = NB_m S\omega\cos\theta$ 为感应电动势的峰值。

由于探测线圈的内阻远小于毫伏表的内阻，故可忽略线圈上的压降。故毫伏表的读数（有效值）与感应电动势的峰值之间有如下关系

$$U = |\varepsilon_m|/\sqrt{2} = (1/\sqrt{2})NB_m S\omega|\cos\theta| \tag{3.9.3}$$

由上式可知，当 $\theta = 0$ 或 π 时，毫伏表读数有极大值

$$U_m = NB_m S\omega/\sqrt{2}$$

显然由毫伏表测出的最大值，可确定磁感应强度的峰值

$$B_m = \sqrt{2}U_m/(NS\omega) \tag{3.9.4}$$

磁感应强度 $\boldsymbol{B}$ 的方向，可通过毫伏表读数的极小值来确定。式（3.9.3）对 θ 求导得

$$|dU/d\theta| = (1/\sqrt{2})NB_m S\omega|\sin\theta|$$

容易看出，当 $\theta = \pi/2$ 或 $\left(\dfrac{3}{2}\right)\pi$ 时，毫伏表读数对夹角的变化最大，此时探测线圈只要稍有转动，便可引起毫伏表读数的明显变化。利用这一特征，可准确地确定探测线圈的方位，如图 3.9.2 所示，此时探测线圈法向与磁感应强度方向垂直。

2. 非均匀磁场的测定

为测定非均匀磁场，探测线圈的面积 S 必须很小，但由公式（3.9.3）可以看出，此时毫伏表的读数也将变得很小，即探测线圈的灵敏度将降低，这不利于测量。为克服这一矛盾，设计了如图 3.9.3 所示的探测线圈，用增加匝数的方法来提高它的灵敏度。可以证明，在线圈体积适当的前提下，当 $L = (2/3)D$，$d = D/3$ 时，探测线圈几何中心处的磁感应强度仍可用式（3.9.4）表示。代入各匝线圈的平均面积 $S = (13/108)\pi D^2$ [1]，则式（3.9.4）可写成

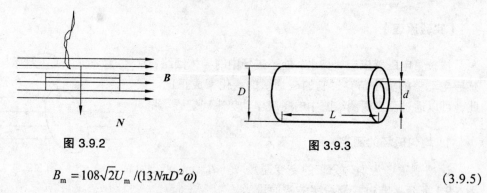

图 3.9.2　　　　　　　　　　　图 3.9.3

$$B_m = 108\sqrt{2}U_m/(13N\pi D^2\omega) \tag{3.9.5}$$

即 B_m 与 U_m 保持线性关系，故仍可通过测定 U_m 来测定 B_m 的大小和方向。

如果仅仅要求测定磁场分布，可选定磁场中某一点的磁感应强度 B_{m0} 作为标准，利用式（3.9.5）写出磁场中另一位置的相对值关系式

---

1 探测线圈各匝线圈面积的平均值：$S = [\pi/(4D-4d)]\displaystyle\int_d^D r^2 dr$。

$$B_{\mathrm{m}} / B_{\mathrm{m0}} = U_{\mathrm{m}} / U_{\mathrm{m0}} \qquad (3.9.6)$$

于是可利用探测线圈置不同场点时毫伏表不同读数 U_{m} 来描绘非均匀磁场的强度分布。

【仪器介绍】

1. 亥姆霍兹线圈

如图 3.9.4 所示，亥姆霍兹线圈是一对全铜的同轴载流线圈 Ⅰ、Ⅱ。理论和实验均证明，当它们之间的间隔等于线圈的半径时，在两线圈间轴线附近的磁场是近似均匀的。

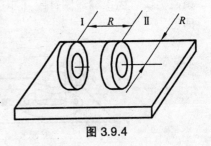

图 3.9.4

使用时将 Ⅰ、Ⅱ 两线圈串联（也可以并联），从而产生同方向的磁场。

2. 探测线圈的结构和使用方法

探测线圈、透明垫片和笔形定位针的结构示意图如图 3.9.5 所示，左边是立体图，右边是俯视图。

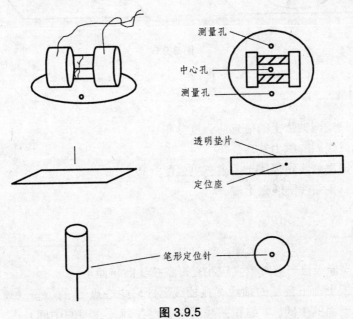

图 3.9.5

1）测某点的磁感应强度峰值

① 将透明垫片上的定位座置于被测点上，并将探测线圈的中心孔套在定位座上。

② 旋转探测线圈，记下毫伏表读数的极大值 V_{m}，然后利用式（3.9.5）便确定了该点的峰值 B_{m}。

2）描绘磁力线

① 将探测线圈放在图纸上，笔形定位针插进测量孔，并固定在作图纸上，以此为中心

旋转探测线圈，直至毫伏表为极小值时止，见图 3.9.6 (a)。

② 将笔形定位针拔出（注意：不能改变探测线圈的位置）插入另一测量孔，见图 3.9.6 (b)。并以此为中心旋转探测线圈，至毫伏表再次出现极小值时止，见图 3.9.6 (c) 虚线位置。

③ 将笔形定位针拔出插入原先的测量孔，重复上述①、②步骤。这样周而复始的连续做下去，便可在图纸上留下一系列的小针眼，如图 3.9.6 (d) 所示，每两个针眼的连线的中心，即为探测线圈的几何中心，也就是磁力线的切点，光滑的连接这些切点，即可描绘出一条磁力线。因探测线圈针眼间距远小于磁力线的曲率半径，故作图时，只要光滑地连接针眼即可。

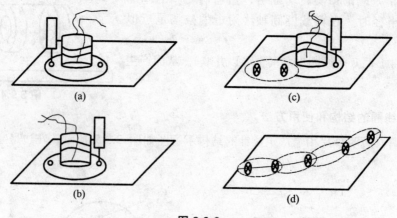

图 3.9.6

【实验内容】

（1）测量单只线圈轴线上的磁感应强度分布。
（2）描绘单只线圈的磁力线。
（3）测量亥姆霍兹线圈轴线上的磁感应强度分布。
（4）描绘亥姆霍兹线圈的磁力线。

【实验步骤】

（1）将直角坐标纸恰当剪裁后固定在亥姆霍兹线圈箱面上。

（2）在坐标纸上画出线圈的轴线，在轴线上标出中心点 O 的位置（单只线圈的中心点在待测线圈两个侧面的中间，亥姆霍兹线圈中心点在两只线圈的中间）。以中心点 O 为始点沿轴线每隔 2 cm 标出一点，作为轴线上磁感应强度分布的测量点约需 15～20 个点；以中心点 O 为始点（垂直于轴线）沿线圈径向每隔 2 cm 标出一点，作为描绘磁力线起始点，需描绘 4～7 条。

（3）将探测线圈的引线接入万用表的交流接线柱上，万用表量程选为 200 mV；待测线圈接入低频信号发生器的输出端（测亥姆霍兹线圈时注意同向串联接入），频率取 1 kHz。

（4）测量磁感应强度分布的方法：

① 置探测线圈于中心点上，水平缓慢转动，使线圈保持在毫伏表读数最大的位置，细

调信号发生器输出电压，使毫伏表读数达 15 mV（满刻度）或 10 mV，记下此时探测线圈的位置和毫伏表读数值。

② 保持①中的信号发生器的输出电压，将探测线圈依次移到其他测量点上，缓慢转动，使毫伏表读数达到最大，分别记录各点的位置及毫伏表的读数。

③ 绘制 (B_m/B_{m0})-L 图线，即 (U_m/U_{m0})-L 图线，并进行分析。

在探测线圈底座上有两个小眼可以插定位针，这两个小眼的连线方向与探测线圈的法线方向垂直。

将定位针通过探测线圈的小眼插在一个起始点上，以定位针为轴缓慢转动探测线圈，找到使毫伏表读数最小的位置，保持这个位置，拔出定位针，插入另一个小眼中，重复上述步骤。

将坐标纸上的小针眼依次连成光滑的曲线，即为一条磁力线。

【数据记录及处理】

根据实验步骤设计表格记录数据，并按照实验步骤处理数据。

【注意事项】

(1) 探测线圈的导线易折断，使用时要特别当心，避免只朝一个方向转动。
(2) 实验结束后，将万用表拨至 ~AC700 挡，关掉电源。

【思考题】

(1) 测磁感应强度分布时，有无必要测磁感应强度的方向？
(2) 测磁力线时，是测定磁感应强度的方向还是大小？
(3) 如何用简单的实验方法判断亥姆霍兹线圈的两线圈是否是同向串联的？
(4) 实验原理中提到，当 $\theta = \pi/2$、$3\pi/2$ 时，毫伏表的读数随角度的变化最为明显，请说明这一点。

技术指标：
(1) 圆线圈　　　　　　　　$n = 640$ 匝、$R = 10$ cm
(2) 亥姆霍兹线圈距离　　　$R = 10$ cm
(3) 探测线圈　　　　　　　$N = 1\,200$ 匝、$d = 4$ mm、$D = 12.8$ mm、$L = 6$ mm

实例

亥姆霍兹线圈磁力线描绘数值点：
(1) 以两线圈的中心点为原点（0，0），沿轴向右为 X，向前为 Y。
(2) 仅描绘出仪器箱板上第一象限内的磁力线，其余三个象限按对称关系处理。
(0，1)，(0，3)，(0，5)，(0，7) 为起点的磁力线数值如下：
(0，1)，(1.98，1.10)，(3.96，1.12)，(5.98，1.18)，(7.80，1.21)
　　　　(9.73，1.43)，(11.62，1.78)，(13.48，2.08)，(15.33，2.47)

(17.13, 3.43), (18.93, 4.23), (20.63, 5.18), (22.18, 6.38)
(23.62, 7.58), (25.22, 8.60), (26.80, 9.80)

(0, 3), (1.98, 3.00), (3.96, 3.00), (5.94, 3.00), (7.84, 3.30)
(9.76, 3.62), (11.62, 4.08), (13.47, 4.77), (15.20, 5.60)
(16.88, 6.50), (18.47, 7.40), (19.80, 8.90), (21.20, 10.03)
(22.32, 11.82), (23.55, 13.22), (23.97, 15.10)

(0, 5), (1.98, 4.83), (3.96, 4.78), (5.90, 4.85), (7.77, 5.19)
(9.62, 5.90), (11.33, 6.78), (12.93, 7.88), (14.42, 9.18)
(15.78, 10.55), (16.82, 12.18), (17.67, 13.90), (18.47, 15.80)

(0, 7), (1.97, 6.78), (3.92, 6.48), (5.90, 6.60), (7.18, 8.47)
(10.40, 10.00), (11.32, 11.78), (11.90, 13.60), (11.97, 15.50)

实验 10 用霍耳元件测量磁场

【实验目的】

(1) 了解用霍耳效应测量磁场的原理和方法。
(2) 学习使用霍耳元件测量磁场的方法。

【实验仪器】

HL-5 型霍耳效应测试仪、霍耳片、低电势直流电势差计、标准电池、检流计、直流稳压电源、标准电阻、安培表、螺线管等。

【实验原理】

如图 3.10.1 所示，设霍耳元件是由均匀的 N 型（即载流子是电子）半导体材料做成的，其长为 L，宽为 b，厚为 d。如果在 4、3 两端按图所示加一稳定电压，则有恒定电流 I 沿 X 轴方向通过霍耳元件。若在 Z 方向加上恒定磁场 B，沿负 X 轴上以速度 v 运动的电子就受到洛伦兹力 f_b 的作用。则洛伦兹力 f_b 的大小为

$$f_b = evB \tag{3.10.1}$$

f_b 的方向指向负 Y 轴，于是，霍耳元件内部的电子沿着虚曲线运动并聚积在下方平面，随着电子向下偏移，上方平面剩余正电荷，结果形成一个上正下负的电场 E，上下两个平面间具有电位差 U_H，这个现象是霍耳 1879 年发现的，故称为霍耳效应，U_H 被称为霍耳电压。电场 E 对载流电子产生一方向和 f_b 相反的静电力 f_E，其大小为

$$f_E = eE = e\frac{U_H}{b} \tag{3.10.2}$$

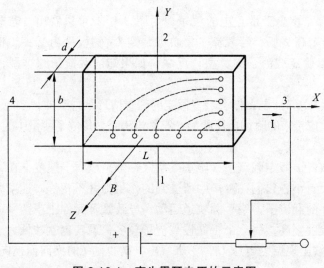

图 3.10.1　产生霍耳电压的示意图

当上下两个平面聚积的电荷产生电场对电子的静电作用力 f_E 与洛仑兹力 f_b 相等时，电子就能无偏离地从右向左通过半导体，此时有如下关系

$$f_E = f_b$$

即

$$e\frac{U_H}{b} = evB$$

于是 1、2 两点间的电位差为

$$U_H = vbB$$

我们知道，工作电流 I 与载流子电荷 e、载流子浓度 n、迁移速度 v 及霍耳元件的截面面积 bd 之间的关系为 $I = nevbd$，则

$$U_H = \frac{IB}{ned} = KIB \tag{3.10.3}$$

式中，$K = 1/(end)$，叫做该霍耳元件的灵敏度。同理，如果霍耳元件是 P 型（即载流子是空穴）半导体材料制成的，则 $K = 1/(epd)$，其中，p 为空穴浓度。式（3.10.3）中各量的单位是：U_H 用毫伏，I 用毫安，B 用特斯拉，则 K 的单位为毫伏/（毫安·特斯拉）。

由式（3.10.3）可知，霍耳电压 U_H 正比于工作电流 I 和外加磁场 B。显然，U_H 的方向既随着电流 I 的换向而换向，也随着磁场 B 的换向而换向。同时还可看出，霍耳电压 U_H 与 n、d 有关，由于半导体内载流子浓度远比金属的载流子浓度小，故采用半导体作霍耳元件，并且将此元件做得很薄（一般 $d \approx 0.2\,\text{mm}$），以便获得易于观测的霍耳电压 U_H。

如果霍耳元件的灵敏度 K 已经测定，就可以利用式（3.10.3）来测量未知磁场 B，即有

$$B = \frac{U_H}{KI} \tag{3.10.4}$$

式中，I 和 U_H 需用仪表分别测量。为了准确测定磁场 B 的大小和方向，流经霍耳元件的工作电流要稳定，使霍耳元件 XY 垂直放入磁场 B 中。磁场 B 的方向由 1、2 两端电压的高低来决定。

半导体材料有 N 型（电子型）和 P 型（空穴型）两种，前者的载流子为电子，带负电，

后者的载流子为空穴，相当于带正电的粒子。由图 3.10.1 可以看出，若载流子带正电，则所测出的 U_H 极性为 1 高 2 低；若载流子带负电，则 U_H 的极性为 2 高 1 低。所以，如果知道磁场方向，就可以确定载流子的类型；反之，如果知道载流子的类型，就可以判定磁场的方向。

应当指出，式（3.10.3）是在作了一些假定的理想情形下得到的，实际上测得的并不只是 U_H，还包括一些副效应带来的附加电压叠加在霍耳电压上，形成了测量中的系统误差，这些副效应有：

（1）爱廷豪森效应。假定载流子（电子或空穴）都是以同一速度 v 在 X 轴上迁移，实际上载流子的速度有大有小，它们在磁场中所受到的作用力并不相等。速度大的载流子，绕大圆轨道运动，速度小的载流子，绕小圆轨道运动，导致霍耳元件上下两平面中，一个平面快载流子较多，因而温度较高，另一个平面慢载流子较多，温度也就较低。上下两平面之间的温度差引起 2、1 两端出现温差电压 U_t。不难看出，U_t 也随 I 的换向而换向。

（2）能斯特效应。由于两个电流引线 3、4 焊点处的电阻不同，通电后在两电极处发热程度不同，因而在 3、4 间形成温度差，从而产生热扩散电流，这个电流在磁场作用下，也会在 U_H 方向产生电势差 U_n，U_n 随 B 换向而换向，而与 I 换向无关。

（3）里纪-勒杜克效应。与能斯特效应类似，在 1、2 电极两端直接产生一温差电动势。

（4）不等位电势差。由于霍耳元件材料本身的不均匀，霍耳电极位置的不对称，即使不存在磁场，当 I 通过霍耳片时，1、2 两极也会处在不同的等位面上。因此，霍耳元件存在着由 1、2 电位不相等而附加的电压 U_0，U_0 随 I 的换向而换向，与 B 的换向无关。

为了减小和消除这些附加电势，常利用这些电势差与电流 I、磁场 B 方向的关系，通过改变 I、B 方向，将所测结果求和并取平均值，基本上可消除（2）、（3）、（4）效应带来的误差，（1）效应带来的附加电势差虽不能消除，但由于其影响很小，可以忽略。由于不等位电势差 U_0 的影响大，本实验将着重考虑如何消除 U_0 的影响。

为了消除不等位电压 U_0，取电流和磁场的四种工作状态，测出结果，求其平均值。如图 3.10.1，设所示的电流和磁场的方向为正方向，此时不等位电压 U_0 也为正。下面讨论凡与图示方向相反的均为负方向。

四种工作状态测量的情况表示如下：

① $+I$、$+B$、$+U_0$，测得 1、2 端电压为 $U_1 = U_H + U_0$。

② $-I$、$-B$、$-U_0$，测得 1、2 端电压为 $U_2 = U_H - U_0$。

③ $-I$、$+B$、$-U_0$，测得 1、2 端电压为 $U_3 = -U_H - U_0$。

④ $+I$、$-B$、$+U_0$，测得 1、2 端电压为 $U_4 = -U_H + U_0$。

由上面四个式子，可得霍耳电压

$$U_H = \frac{1}{4}(U_1 + U_2 + |U_3| + |U_4|) \tag{3.10.5}$$

可见，通过四种工作状态的换算，不等位电压被消除了，同时温差引起的附加电压也可以消除。

【仪器介绍】

HL-5 型霍耳效应测试仪由两大部分组成：第一部分为实验仪，由电磁铁、霍耳元件、三只换向开关组成；第二部分为测试仪，有两路直流稳流源可分别为电磁铁提供 0～1 000 mA 的稳定电流和为霍耳元件提供 0～10 mA 的稳定电流，200 mV 高精度数字电压表测量霍耳电压。

实验接线示意图如图 3.10.2 所示。

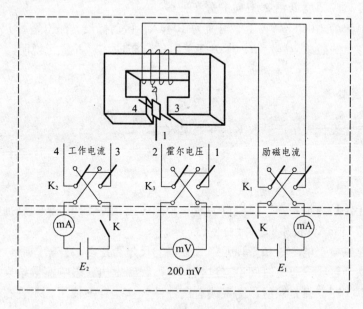

图 3.10.2 实验接线示意图

【实验内容】

（1）判断半导体元件的导电类型。

① 按图 3.10.2 连接好电路，将霍耳元件移动到电磁铁气隙中。

② 合上 K，接通电源。

③ 合上 K_1，调节励磁电流为 500 mA，根据励磁电流的方向确定电磁铁中磁场方向。

④ 合上 K_2，调节霍耳元件的工作电流为 5 mA，并确定工作电流 4、3 的方向。

⑤ 合上 K_3，用 200 mV 数字电压表测出霍耳电压，并确定霍耳元件 2、1 的极性，从而判断出半导体元件的导电类型。

（2）测量电磁铁的磁感应强度。

将 K_1 向上合，调节励磁电流至 1 000 mA，K_2 向上合，调节工作电流至 10 mA，移动标尺使霍耳元件至电磁铁气隙中部，K_3 向上合，用数字毫伏表测出霍耳电压 U_1，依次将 K_1、K_2 换向，用数字毫伏表测出相应的霍耳电压 U_2、U_3 和 U_4，由式（3.10.5）计算出 U_H，再由给出的霍耳灵敏度 K_H 和公式 $B = U_H/(K_H \cdot I)$，计算出磁感应强度 B（若霍耳电压输出显示超量程时，可将工作电流或励磁电流调小）。

（3）研究工作电流 I 与霍耳电压 U_H 的关系。

保持电磁铁的励磁电流为 1 000 mA 不变，将霍耳元件的工作电流依次调节为 1 mA，2 mA，3 mA，…，10 mA，测量相应的霍耳电压 U_H。以横坐标取工作电流 I，纵坐标取霍耳

电压 U_H，给出 I-U_H 的关系曲线，理论上可得到一条通过坐标原点的倾斜直线。

（4）保持霍耳元件的工作电流 I 为 10 mA，将电磁铁的励磁电流 I_B 依次调为 100 mA，200 mA，300 mA，…，900 mA 和 1 000 mA，测出相应的霍耳电压 U_H 值，计算出相应的 B 值。以 I_B 为横坐标，B 为纵坐标，作 I_B-B 曲线，并对该曲线进行分析。

（5）测量磁感应强度 B 沿 X 方向的分布曲线。

调节励磁电流为 1 000 mA，工作电流为 10 mA，移动标尺，测出霍耳元件沿横坐标尺水平移动方向上各点的磁感应强度 B，作 B-X 关系的分布曲线，并进行说明。

【数据记录及处理】

根据实验步骤设计表格记录数据，并处理数据。

【注意事项】

（1）霍耳元件是易损元件，引线也易断，必须防止元件受压、挤、碰撞等。通过的工作电流 I 不能超过 13 mA，使用时应特别小心。

（2）实验前应检查电磁铁和霍耳元件二维移动尺是否松动，应紧固后再使用。

（3）电磁铁励磁线圈通电时间不宜过长，否则线圈发热，影响测量结果。

（4）仪器不宜在有强光照射、高温或有腐蚀性气体场合中使用，不宜在强磁场中存放。

【思考题】

（1）若磁感应强度跟霍耳元件 I、B 平面不完全正交，按式（3.10.4）算出的磁感应强度比实际值大还是小？要准确测定磁场，实验应该怎样进行？

（2）在图 3.10.1 中如果工作电流 I 换向，载流子（电子）的运动轨道将怎样弯曲呢？如果磁场的方向反转，等位线又怎样弯曲呢？

（3）用霍耳元件可以测量交变磁场，在图 3.10.2 中如果将 E_1 换为低压交流电源，那么为了测量磁极间隙中的交变磁场，图中的装置和线路应作哪些改变呢？

（4）在什么样的条件下会产生霍耳电压，它的方向与哪些因素有关？

注：本实验若采用 HL-4 霍耳效应和 HL-6 霍耳效应实验仪，具体使用方法应详见其使用说明书。

实验 11　铁磁材料的磁化曲线和磁滞回线

铁磁材料分为硬磁和软磁两类。硬磁材料（如铸钢）的磁滞回线宽，剩磁和矫顽磁力较大（120～20 000 A/m，甚至更高），因而磁化后它的磁感应强度能保持，适宜于制作永久磁铁；软磁材料（如硅钢片）的磁滞回线窄，矫顽磁力小（一般小于 120 A/m），但它的磁导率和饱和磁感应强度大，容易磁化和去磁，故常用于制造电机、变压器和电磁铁等。可见，铁磁材料的磁化曲线和磁滞回线是该材料的重要特性，也是设计电磁机构和仪表的依据之一。

【实验目的】

（1）了解用示波器法显示磁滞回线的基本原理。

（2）学习用示波器法测绘磁化曲线的磁滞回线。

（3）学习测量样品磁导率及相对磁导率的方法。

【实验仪器】

DZ-2 型磁滞回线装置、交流稳压电源（可调）、示波器、电阻、导线等。

【实验原理】

铁磁物质（如铁、镍、钴和其他铁磁合金）具有保持原先磁化状态的性质，称为磁滞，这是铁磁物质的一个重要特性，不可逆的磁化导致磁滞。给绕有线圈的硅钢片铁芯通以磁化电流且从零逐渐增大，则铁芯中的磁感应强度 B 随磁场强度 H 的变化而变化，如图 3.11.1 所示。

初始状态，$H=0$，$B=0$，用交流电源供给初级线圈产生交变磁场强度 H，在磁场由弱到强的逐渐增加过程中，可以得到面积由小到大的一个个磁滞回线，各磁滞回线的正顶点的连接线 oa，称为铁磁物质的基本磁化曲线，达到饱和后，停止增加磁场强度 H，即呈现出磁滞回线 $abcdefa$，可以看出，铁磁材料的 B 和 H 不是线性关系，即磁导率 B/H 不是常数。

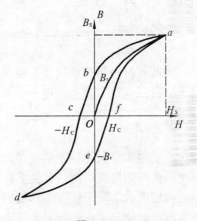

图 3.11.1

oa 曲线—基本磁化曲线；$abcdefa$—磁滞回线；H_s—饱和磁场强度；B_s—饱和磁感应强度；H_c—矫顽值；B_r—剩磁

1. 示波器 X 轴输入正比于磁场强度 H

如图 3.11.2 所示，示波器 X 轴输入电压 $U_X = I_1 R_1$，所以电子束在 X 轴上的偏转跟磁化电流 I_1 成正比，根据安培环路定律

$$I_1 N_1 = HL$$

有
$$U_X = \frac{LR_1}{N_1} H \qquad (3.11.1)$$

式中，N_1 为被测样品初级线圈匝数；L 为铁芯的平均磁路。式（3.11.1）表明，在交变磁场下任一时刻 t 电子束在 X 轴的偏转正比于磁场强度 H。

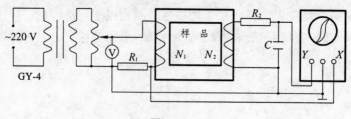

图 3.11.2

2. 示波器 Y 轴输入正比于磁感应强度 B

如图 3.11.2 所示，样品中的交变磁感应强度 B 的瞬时值与副线圈中的感应电动势 ε_2 成正比。

$$\varepsilon_2 = \frac{\mathrm{d}\Phi}{\mathrm{d}t}N_2 = \frac{\mathrm{d}B}{\mathrm{d}t}N_2 S \tag{3.11.2}$$

式中，N_2 为样品次级线圈的匝数；S 为样品铁芯截面面积。

$$\mathrm{d}B = \frac{1}{N_2 S}\varepsilon_2 \mathrm{d}t \tag{3.11.3}$$

对式（3.11.3）积分得

$$B = \frac{1}{N_2 S}\int \varepsilon_2 \mathrm{d}t \tag{3.11.4}$$

为此将样品副线圈输出的电动势 ε_2 经积分器处理后送入 Y 轴代表 B（注：关于 $R_2 C$ 组成的积分器原理请参阅有关电子学书籍）。

3. 标定 H 值

对于显示在荧光屏上的磁滞回线（见图 3.11.1），首先记录下 $\pm H_s$ 和 $\pm B_s$ 的位置，然后在保持示波器的增益不变的条件下进行标定。

将图 3.11.2 所示线路中样品原边保持 R_1 数值不变，并接入电流表，如图 3.11.3 所示，调节调压器，使显示在荧光屏上水平线段恰与 $\pm H_s$ 间的水平距离相等。若这时电流表读数为 I_1（电流表指示的是正弦波的有效值，其峰值 $I_{1m} = \sqrt{2}I_1$），根据安培环路定律有

$$H_s = \frac{I_{1m}N_1}{L} = \frac{\sqrt{2}I_1 N_1}{L} \quad (\text{A} \cdot \text{匝/m}) \tag{3.11.5}$$

式中，I_1 的单位用安培（A）；L 的单位为米（m）。

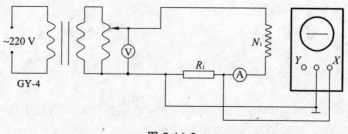

图 3.11.3

114

4. 标定 B 值

用标准互感器 M 取代被测样品。按图 3.11.4 接线，其中 R_1、R_2、C 均保持原来的数值，调节调压器，使示波器的垂直线段等于图 3.11.1 中的 $+B_s \sim -B_s$ 的高度。如果初级回路中电流为 i（为了与标定 H 时初级电流 I_1 有所区别，标定 B 时初级电流用 i 表示。电流表指示有效值 i 安培，其峰值 $i_m = \sqrt{2}i$），根据互感原理，互感器副边的感应电动势 ε_2 为

$$\varepsilon_2 = -M \frac{\mathrm{d}i}{\mathrm{d}t} \tag{3.11.6}$$

对式（3.11.6）积分

$$\int \varepsilon_2 \mathrm{d}t = M \int \mathrm{d}i = Mi \tag{3.11.7}$$

将式（3.11.7）代入式（3.11.4），得

$$B = \frac{Mi}{N_2 S} \tag{3.11.8}$$

式中，M 单位为亨利；S 单位为平方米；i 单位为安培。

对 B_s 则有

$$B_s = \frac{Mi_m}{N_2 S} = \frac{\sqrt{2}Mi}{N_2 S} \tag{3.11.9}$$

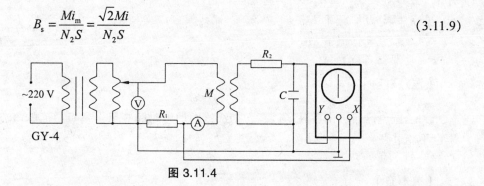

图 3.11.4

【仪器介绍】（见表 3.11.1）

表 3.11.1　DZ-2 型磁滞回线装置技术指标

适用电源	AC220 V	工作电压	AC0 ~ 100 V
示波器	通用型	标准互感器 M	0.1 H
初级线圈 N_1	2000 匝	平均磁路 L	0.132 m
初级线圈 N_2	121 匝	样品截面积 S	0.208×10^{-3} m^2
外形尺寸	$300 \times 180 \times 100$ mm^3	仪器重量	5 kg

【实验内容】

（1）按图 3.11.4 连接电路。调节示波器，使电子束光点呈现在坐标网络中心。

（2）把调压变压器调到输出电压为零的位置，然后接通电源，逐渐升高调压变压器的输

出电压，屏上将出现磁滞回线的图像（如磁滞回线在二、四象限时，可将 X（或 Y）轴输入端的两根导线互换位置。）调节示波器垂直增益和水平增益，使图线大小适当。待磁滞回线接近饱和后，逐渐减小输出电压至零，目的是对被测样品退磁。

(3) 从零开始，分为 8 次逐步增加输出电压，使磁滞回线由小变大。分别读记每条磁滞回线顶点的坐标，描在坐标纸上，并将所描各点连成曲线，就得到基本磁化曲线。

(4) 在方格坐标纸上按 1：1 的比例描绘屏上显示的磁滞回线，记下有代表性的某些点的坐标 X_i、Y_i。

(5) 测定示波器的偏转因数 D_X、D_Y。按式（3.11.6）算出跟 X_i、Y_i 点对应的 H_i、B_i 值，并标在描绘磁滞回线的坐标轴上。

【实验步骤】

(1) 测绘基本磁化曲线。

(2) 测定磁滞回线。

首先退磁，使 $H=0$ 和 $B=0$；然后逐步升压到磁化基本饱和，保持示波器的增益不变，并记下 $\pm H_s$、$\pm B_s$、$\pm H_c$、$\pm B_r$ 各点坐标值。

(3) 标定 H_s，记下 I_1 值。

(4) 标定 B_s，记下 i 值。

【注意事项】

为了避免样品磁化后温度过高，初级线圈通电时间应尽量缩短，通电电流不可过大，电压也不能过高。

【思考题】

(1) 在标定磁滞回线各点的 H 和 B 值时，为什么一定要严格保持示波器的 X 轴和 Y 轴增益在显示该磁滞回线时的位置上？

(2) 图 3.11.2 中的实验用样品钢圆环能否被磁化而存在剩磁？为什么？

【实例】

按图接好线路，在示波器上调出一个标准磁滞回线，并记录磁滞回线各点读数

$$H_s = 3.0 \text{ cm} \qquad -H_s = 3.0 \text{ cm}$$
$$B_s = 3.6 \text{ cm} \qquad -B_s = 3.6 \text{ cm}$$
$$B_r = 2.1 \text{ cm} \qquad H_c = 0.82 \text{ cm}$$

按标定 H 的步骤改换电路的接法测得 $-H_s \sim H_s$ 为 6.0 cm 时

$$I_1 = 13.4 \text{ mA}$$

按标定 B 的步骤改换电路的接法测得 $-B_s \sim B_s$ 为 7.2 cm 时

$$i = 199.5 \text{ mA}$$

根据公式计算 H_s、B_s、B_r、H_c 各值

$$H_s = \frac{\sqrt{2}I_1 N_1}{L} = \frac{1.414 \times 13.4 \times 10^{-3} \times 2\,000}{0.132} = 287.0 \quad (\text{A} \cdot \text{匝/m})$$

$$B_s = \frac{\sqrt{2}Mi}{N_2 S} = \frac{1.414 \times 0.1 \times 199.5 \times 10^{-3}}{121 \times 0.208 \times 10^{-3}} = \frac{2.82 \times 10^{-2}}{2.52 \times 10^{-2}} = 1.12 \quad (\text{T})$$

$$\frac{B_r}{B_s} = \frac{2.1}{3.6} = 0.583$$

$$B_r = 0.583 B_s = 0.583 \times 1.12 = 0.653 \quad (\text{T})$$

$$\frac{H_c}{H_s} = \frac{0.82}{3.0} = 0.273$$

$$H_c = 0.273 \times 287 = 78.4 \quad (\text{A} \cdot \text{匝/m})$$

磁导率

$$\mu = \frac{B_s}{H_s} = \frac{1.12}{287} = 3.90 \times 10^{-3}$$

相对磁导率

$$\mu_r = \frac{\mu}{\mu_0} = \frac{3.90 \times 10^{-3}}{4\pi \times 10^{-7}} = 3.10 \times 10^3$$

第4章　光学、近代物理实验

光学实验预备知识

光学是物理学中最古老的一门学科，也是当前学科领域中最活跃的前沿阵地之一，具有强大的生命力和不可估量的发展前途。它和其他学科一样，也是经过长期的实践，在大量的实验基础上逐步发展和完善的。虽然它的理论成果及新型实验技术的内容十分丰富，但是经典的光学实验仍是现代物理实验最基本的内容。因此，作为基础的光学实验课，学习的重点仍应该是学习和掌握光学实验的基本知识、基本方法以及培养基本的实验技能，通过研究一些基本的光学现象，加深对经典光学理论的理解，提高对实验方法和技术的认识。下面简单介绍光学实验的特点及光学实验中应遵循的一般操作规程。

一、光学实验的特点

1. 实验与理论联系紧密

众所周知，光波的本质是频率极高的电磁波。例如，可见光的频率为 10^{14} Hz 数量级，即在 10^{-9} s 的时间内，光扰动就有几十万次之多，而实验只能测定在观察时间内的平均结果。因此，在光学实验中，必须利用理论知识来指导实践，如果不掌握光的基本理论，不熟悉光源发光的宏观特性，不了解光波的相干性和偏振态，有些光学实验（如干涉）将很难做好，而有些光学实验（如偏振）甚至无法进行。光学元件的选择、实验光路的布置、实验现象的观察、光学仪器的调节和检验等各个操作环节均需要理论指导，如果不经过周密思考而盲目操作，就不会得到好的实验结果。

2. 仪器调节的要求较高

与其他实验相比，光学实验中仪器调节工作显得特别重要，它决定了实验能否顺利进行和测量结果是否精确可靠。换言之，仪器调节工作是进行光学实验成败的关键。在研究或观察某一光学现象（如光的干涉）时，首先必须调节仪器或装置的各个部件，使一切有用的光线按规定的路径和方向进行传播，并遮挡掉一切无用的光线，以形成该光学现象。在要求测量某些物理量（如波长、焦距、折射率等）时，由于这些物理量一般都是通过测量长度或角度等几何量来实现的，因此要求进一步调整仪器，使要测量的各个几何量与仪器系统的机械结构相一致（如光具座的刻度尺、分光计上的刻度盘）。只有这样，才能保证结果的可靠性。光学仪器的调节不仅是一项基本的实验操作，而且包含着丰富的物理内涵，必须在详细了解仪器性能和特点的基础上，建立起清晰的物理图像。只有这样，才能选择有效而准确的调节方法，根据观察到的现象，检验和判断仪器是否处于正常的工作状态，提出应该采取的解决办法。只有在理论指导下，通过反复耐心细致的操作训练，才能切实地掌握调节要领。

二、光学实验规程

1. 准　备

在实验前先要预习实验教材，理解实验原理，看懂仪器构造和调整要点，在预习报告上画好数据记录表格及光路图，认清光路图的组成。

2. 布置光路与调整

小心把各光学元件按光路图布置好，然后根据要求进行调整。在进行调整的同时，必须把实验中看到的现象与理论相参照，认真思考，作出正确的分析与对策。有一部分实验是在仪器上进行的，光路已固定其中，但进入仪器及从仪器出来的光路仍然需布置调整，或者仪器本身也往往必须调节好后才能正常使用，必须在具备清晰的头脑、详细了解仪器的基础上，才能判断仪器处于什么状态并采用有效的方法去调整好。每一步调整都可能分粗调、细调两步进行，并且常要反复调节，才能使光路达到最佳状态。切忌不加思考地盲目调整、野蛮调整，那样不仅可能越调越乱，还会损坏仪器。

3. 测　量

在正式读数前应进行试测，如需光电池进行测量其强度时，就应考虑最大光强、最小光强对应的读数是否超过量程或者只占范围很小的一部分。又如在迈克耳逊干涉仪上数条纹之前应预计到是否会遇到模糊区，然后再认真地读数、记数。有一部分实验不作定量测量，如全息、空间滤波，仍应对现象作认真观察并记录。

4. 归　整

实验完毕后请指导教师检查数据或实验图像，然后再拆除光路，把所有元件、仪器归整好后加盖防尘罩。

总之，这些要求不仅能保证实验的顺利与成功，而且通过实验还能增长才干、扩大收获，并且有助于提高素质、培养正确的习惯与科学的作风。

三、光学元件与仪器的使用维护

光学仪器的核心是其中的光学元件，多数是经过精密抛光的玻璃制品，有些还镀有光学薄膜起增透作用，这些元件的各种性能如平行度、折射率、反射率等都符合严格的标准。如使用保护不当就会降低性能，更不能摔坏、污损、发霉以致报废。因此，对光学仪器和元件的使用与维护必须遵守下列规则：

（1）必须在详细了解仪器的使用方法、注意事项与操作要求后才能使用仪器。在暗室中或在弱光下进行实验，应先熟悉各仪器和元件的位置，在黑暗中取用仪器须格外小心。手应贴着桌面，动作要轻柔，慢慢摸索，以免碰倒或带落仪器及元件。暂时不用的仪器或元件，要放回原处以备取用，不要随便乱放。

（2）使用与移动元件或仪器时，应轻拿轻放，避免受震动，绝不能让其跌落。暂时不使用的应装入专用盒内并放在桌子里侧。仪器上的锁紧螺钉、锁紧螺母不要拧得过紧，被固定的部位不能搬动或转动，可动部件到头后不能强行移动。

（3）不准用手触摸任何元件的光学表面，尤其是镀膜面，在需要时只能触及其非光学面即磨砂面，如透镜、光栅的侧面，棱镜的上下底面等。镀膜面一旦染上指纹，很难处理，会造成发霉。

（4）光学表面如有灰尘或轻微污痕，应向指导教师报告，并在教师指导下用橡皮吹气球吹去灰尘，用专门的擦镜纸轻轻擦去污痕，绝不可用手帕、衣服、普通纸去擦。如污痕较重，交给老师用专备的脱脂棉蘸乙醚、酒精擦洗。防止唾液或其他液体溅落在光学元件和仪器上。

（5）光学实验在暗室中进行，应先熟悉各种仪器用具的位置及周围环境。在黑暗中摸索仪器时，手要贴着桌面移动，动作应缓慢，以免碰倒或带落仪器及元件。各种光源如激光、白炽灯、照明用手电必须照在自己的范围内，不可照射其他同学的眼睛和仪器。

（6）仪器与元件用毕后应放回专用箱、盒内或加防尘罩。长期不用的元件要放在干燥器内，以防受潮发霉。光学仪器是精密仪器，禁止任意拆卸。

四、常用光源

光学实验离不开光源，光源的正确选择对实验的成败和结果的准确性至关重要。下面简要介绍光学实验教学中常用的光源。

1. 白炽灯

白炽灯是一种热辐射源。常用的白炽灯灯丝通电加热后，呈白炽状态而发光。灯丝常用钨丝，它熔点高、蒸发率低，可在较高的温度下工作从而有较多的可见光能量辐射，机械强度大。普通白炽灯可作白光光源和照明用，交流或直流供电均可。如需更大的亮度时，一般采用卤钨灯。在钨丝灯泡中加入卤素可以减慢因钨蒸发而造成泡壳的黑化，从而使钨丝能工作在更高的温度，提高发光的强度和效率。

2. 气体放电灯

利用灯内气体在两电极间放电发光的原理制成的灯称为气体放电灯。其基本原理是：管内气体原子与被两电极间电场加速的电子发生非弹性碰撞，使气体原子激发，激发态原子返回基态时，多余的能量以光辐射的形式释放出来。实验室中最常用的气体放电灯是低压钠灯和低压汞灯，在可见光谱区，它们各自发出较强的特征光谱线。

（1）低压钠灯。钠灯是蒸气发电灯，灯管内充有金属钠和惰性气体。灯丝通电后，惰性气体电离放电，灯管温度逐渐升高，金属钠气化，然后产生钠蒸气弧光放电，发出较强的钠黄光。钠黄光光谱含有 589.0 nm 和 589.6 nm 两条特征谱线，物理实验中常取其平均值 589.3 nm 作为单色光源使用。

钠灯具有弧光放电负阻现象。为防止钠光灯发光后电流急剧增加而烧坏灯管，在供电电路中需串入相应的限流器。由于钠是一种难熔金属，一般通电后要十几分钟才能稳定发光。注意：气体放电光源关断后，不能马上重新开启，以免烧断保险丝，并影响灯管寿命。

（2）低压汞灯。灯管内充有汞及惰性气体，工作原理和钠灯相似。它发出绿白色光，在可见光范围内主要特征谱线是 579.1 nm，577.0 nm、546.1 nm、435.8 nm 和 404.7 nm，其中546.1 nm 和 435.8 nm 两条谱线最强。

（3）激光器。激光是一种新的光源，它将激活介质和谐振腔结合在一起，形成了受激辐射的光的"信号源"。激光器是一种单色性好、方向性强、亮度高、相干性好的新型光源。实验室最常用的激光器为氦氖激光器和半导体激光器。氦氖激光器发出的光的波长为 632.8 nm。激光管内充有一定配比的氦气和氖气，在管端两极加以直流高压才能激发出光，使用中应注意人身安全。激光器关闭后，也不能马上触及两电极，否则电源内的电容器高压会放电伤人。半导体激光器可以获得几种不同波长的红色或绿色的激光，其中最常见的波长为 650 nm。激光束能量集中，不能用眼睛直接观察，以免造成伤害。

实验 1 薄透镜焦距的测定

透镜是重要的光学元件，焦距是表征透镜特性的重要参数。学会测量透镜焦距，掌握透镜的成像规律，将有助于我们了解各种光学仪器的功能和原理。

【实验目的】

（1）掌握光路调整的基本方法。
（2）用共轭法、自准法测量凸透镜焦距，用自准法、物距、像距法测量凹透镜焦距。
（3）加深对凸透镜成像规律的感性认识。

【实验仪器】

光具座、凸透镜、凹透镜、光源、屏、平面反射镜等。

【实验原理】

1. 共轭法测凸透镜焦距

薄透镜的近轴光线成像公式为

$$\frac{1}{S} + \frac{1}{S'} = \frac{1}{f} , \quad f = \frac{SS'}{S+S'} \tag{4.1.1}$$

显然，只要测出物距 S 和像距 S'，便可计算出透镜焦距 f。但由于透镜光心位置难于准确确定，误差较大。消除这一系统误差的方法之一就是利用共轭法，也称两次成像法。

由凸透镜成像规律可知，如果物屏与像屏的相对位置 D 保持不变，而且 $D>4f$，则在物屏与像屏间移动透镜，可得两次成像。当透镜移至 L_1 处，屏上得到一个倒立放大实像 $A'B'$；移至 L_2 处，屏上得到一个倒立缩小实像 $A''B''$，光路如图 4.1.1 所示。

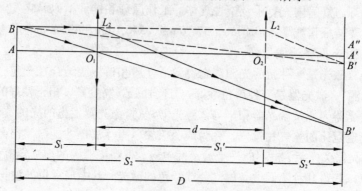

图 4.1.1 共轭法测凸透镜焦距的光路图

由图可知，透镜在 L_1 处有

$$\frac{1}{S_1}+\frac{1}{S_1'}=\frac{1}{f}, \quad \frac{1}{S_1}+\frac{1}{D-S_1}=\frac{1}{f} \tag{4.1.2}$$

透镜在 L_2 处，有

$$\frac{1}{S_2}+\frac{1}{S_2'}=\frac{1}{f}, \quad \frac{1}{S_1+d}+\frac{1}{D-S_1-d}=\frac{1}{f} \tag{4.1.3}$$

解（4.1.2）式和（4.1.3）式，简化得

$$S=\frac{D^2-d^2}{4D} \tag{4.1.4}$$

所以，测得 D 和 d 就可以算出凸透镜焦距 f。但必须满足 $D>4f$ 的条件，否则像屏上不可能有两次成像。这种方法不需要确切知道透镜光心在什么位置，只要保证在两次成像过程中透镜位置的标线和透镜光心之间的偏离保持恒定。

2. 自准法测凸、凹透镜焦距

如图 4.1.2 所示，光源 S_0 置于透镜焦点处，发出的光经过透镜后成为平行光，若在透镜后面放一块与透镜主光轴垂直的平面镜 M，平行光射于 M 并沿原路反射回来，仍会聚于 S_0 上，即光源与光源的像都在透镜的焦点 F 处，透镜的光心 D 与光源 S_0 之间的距离即为此透镜的焦距 f。如果光源不是点光源，而是一个发光的、有一定形状的物屏，则当该物屏位于透镜的焦平面上时，其像必然也在该焦平面上，而且呈倒像，此时物屏至透镜光心的距离便是

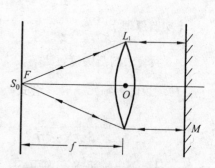

图 4.1.2 自准法测凸透镜焦距

焦距 f。利用这种物、像在同一个平面上且呈倒像的测量透镜焦距的方法称为自准法。

对于凹透镜，因为它是发散透镜，所以要由它获得一束平行光，必须借助一凸透镜才能实现，如图 4.1.3 所示。光由凸透镜 L_1 将置于 S_0 处的一光点成像于 S_0' 处，然后将待测凹透镜 L_2 和平面镜 M 置于凸透镜 L_1 和 S_0' 之间，如果 L_1 的光心 O 到 S_0' 之间距离 $OS_0' > |f_{凹}|$，则当移动 L_2，使 L_2 的光心 O 到 S_0' 间距为 $O'S_0' = |f_{凹}|$ 时，由 S_0 处光点发出的光束经过 L_1、L_2 后，变成平行光，通过平面镜 M 的反射，又在 S_0 处成一清晰的实像，确定了像点和凹透镜光心的位置就能测出 $f_{凹}$。

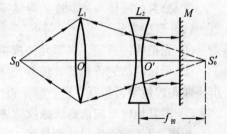

图 4.1.3　自准法测凹透镜焦距

3. 物距、像距法测凹透镜焦距

如图 4.1.4 所示，先用凸透镜 L_1 使物 AB 成缩小倒立的实像 $A'B'$，然后将待测凹透镜 L_2 置于凸透镜 L_1 与像 $A'B'$ 之间，如果 $O'A' < |f_{凹}|$，则通过 L_1 的光束经过 L_2 折射后，仍能成一实像 $A''B''$。但应注意，对凹透镜 L_2 来讲，$A'B'$ 为虚物，物距 $S_2 = -O'A'$，像距 $S_2' = O'A''$，代入成像公式（4.1.1），即能算得 $f_{凹}$。

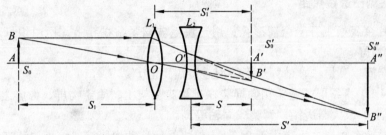

图 4.1.4　物距、像距法测凹透镜焦距

4. 透镜成像实验操作方法指导

根据透镜成像公式（4.1.1）微分后得

$$dS' = \left(\frac{f}{S+f}\right)^2 dS = \left(\frac{S'}{S}\right)^2 dS \tag{4.1.5}$$

该式表明，在成像时，一定的像距 S' 对应于一定的物距。如果说将 S 增加（或减小）ΔS 量，相应地 S' 需要有 $\Delta S' = (S'/S)^2 \Delta S$ 的增加（或减少）量，才可重新成像。

因此，式（4.1.5）中的因子 $\left(\dfrac{S'}{S}\right)$ 可作为透镜成像实验方法的指导，来确定采用正确操作方法。若 $|S'| < |S|$，因子 $|S'/S| < 1$，应采用定位像屏，移动透镜成像。移动像屏接取像的操作方法。这样可以得到清晰成像的位置，较准确地求得其焦距。

【实验内容】

1. 光学元件的同轴等高的调整

光学元件同轴等高的调节是进行几何光学实验的基本操作之一，必须很好掌握。

（1）调整要求：

① 所有的光学元件的光轴重合。

② 公共的光轴与光具座的导轨平行。

（2）调整方法：

① 先把物、透镜、屏等元件放在光具座上，并使它们尽量靠拢。

② 用目测法进行粗调，使各元件的中心大致与导轨平行在同一直线上。同时使物平面、屏平面和透镜平面相互平行，且垂直于光具座的导轨。

③ 用其他仪器或依靠成像规律进行细调。如利用二次成像法的共轭原理进行调整：

按图 4.1.1 放置物透镜和像屏。当移动透镜到 O_1 和 O_2 两处时，像屏上分别得到放大和缩小的像。

物点 A 处在主光轴上，它的两次成像位置重合于 A'；物点 B 不在主光轴上，它的两次成像位置 B'、B'' 分开。当 B 点在主光轴上方时，放大的像点在缩小的像点 B'' 的下方。反之，则表示 B 点在主光轴的下方，调节物的高低（也可以调节透镜高低），使经过透镜两次成像的中心重合，即达到同轴等高。调节要领可总结为"大像追小像，中心相重合"。

2. 共轭法测凸透镜焦距

① 在一片金属板上开一个箭形孔，用一块毛玻璃紧贴在孔上，用白炽灯通过毛玻璃照明，即可作为物屏。

② 选择一简单测量法，估算一下待测透镜焦距值 f'。

③ 按图 4.1.1 将物屏凸透镜和像屏装在光具座支架上，固定物屏、像屏之间距离在 $>4f$ 的某一整数值上。放大凸透镜，调整成同轴等高。

④ 先让透镜在物屏之后稍大于 $2f'$ 处定位，然后移动像屏接取缩小的清晰像，再把像屏固定，测出光具座上的位置为 X。

⑤ 再移动透镜，在像屏上成放大的清晰像，测出光具座上的位置为 X_2，算出 $d=|X_2-X_1|$ 值。再重复④、⑤测量 2 次，将数据记入表中。

3. 自准法测凸透镜焦距

① 将像屏换成平面镜，仔细地移动和调节透镜离开物屏的距离和高低，直至物屏上看到与物大小相等的清晰的倒像为止，分别记下物屏和透镜在光具上的位置 S_0 和 X_1，则 $|S_0X_1|=f_凸$。重复 2 次。

② 为了消除透镜中心线与光具座座架滑块的读数准线并不在同一平面上（指垂直于光轴的平面）带来的误差，把透镜与透镜夹旋转 $180°$ 后，再按前面的方法重复测量 3 次，将全部数据填入表中。

4. 自准法测量凹透镜焦距

① 将物屏置于 S_0 位置，凸透镜 L_1 置于某一位置 X_1，使 $|X_1S_0|<2|f_凸|$，粗调成等高共轴后，放下像屏，移动像屏得一清晰的放大的实像，记下像屏位置 S_0'。

② 在凸透镜 L_1 和像屏之间按图 4.1.3 加入凹透镜 L_2 和平面镜 M，并使它们一起在导轨上移动，直至在物屏上出现清晰的像（注意：像较暗），调整凹透镜上下、左右位置，使物、

像中心同高。读出凹透镜在光具上位置读数 X_2。

③ 保持物屏和透镜 L_1 的位置不变，再重复测量 2 次。全部数据记入表中。

5. 用物距、像距法测量凹透镜焦距

① 记下物屏位置 S_0，把凸透镜 L_1 放在光具座上某位置 X_1 处，使 $|X_1S_0|>2f_凸$，再把像屏放在光具座上，移动像屏，成一个清晰缩小的像在像屏上，记下像屏位置 S_0'。

② 在凸透镜和像屏之间按图 4.1.4 加入待测凹透镜 L_2 于适当之处，移动像屏直至屏上出现较清晰的像，调整 L_2 的上下、左右位置，使像的中心与原凸透镜第一次成像的中心相同。固定像屏，然后再仔细缓慢地前后移动凹透镜 L_2 的位置，直至像屏上出现最清晰的像。记下此时凹透镜 L_2 的位置 X_2 及像屏的位置 S_0''。由此得

$$S_2 = -\left| S_0' - X_2 \right|, \quad S_2' = \left| S_0'' - X_2 \right|$$

代入式（4.1.1）即可算出 $f_凹$。

③ 保持物屏、凸透镜 L_1 位置不变，再按上述方法测量 2 次，将全部数据填入表中。

【数据记录及处理】

（1）共轭法测凸透镜焦距。

物屏 S_0/cm	像屏 S_0'/cm）	$D=\left| S_0'-S_0 \right|$/cm	X_1/cm	X_2/cm	$d=\left| X_2-X_1 \right|$/cm	$f=\dfrac{D^2-d^2}{4D}$/cm

测量结果 $f = \overline{f} \pm \Delta f$。

（2）自准法测凸透镜焦距。

物屏位置 S_0/cm					
凸透镜位置 X_1/cm					
$f=\left| X_1-S_0 \right|$/cm					

测量结果 $f = \overline{f} \pm \Delta f$。

（3）自准法测凹透镜焦距。

物屏位置 S_0/cm	凸透镜 L_1 的位置 X_1/cm	像屏位置 S_0'/cm	凹透镜 L_2 的位置 X_2/cm	$f_凹=S_0'-X_2$

测量结果 $f = \overline{f} \pm \Delta f$。

(4) 物距、像距法测量凹透镜焦距。

物屏位置 S_0/cm	凸透镜 L_1 的位置 X_1/cm	像屏位置 S_0'/cm	凹透镜 L_2 的位置 X_2/cm	像屏位置 S_0''/cm	$S=-\left|S_0'-X_2\right|$ /cm	$S'=\left|S_0''-X_2\right|$ /cm	$f=\dfrac{SS'}{S+S'}$ /cm

测量结果 $f=\bar{f}\pm\Delta f$。

【思考题】

(1) 实验中为什么用白屏作为成像的光屏？可否用黑屏、透明平玻璃、毛玻璃？为什么？

(2) 为什么实物经会聚透镜两次成像时，必须使物体与白屏之间的距离大于透镜焦距的 4 倍？如选择不当，对焦距测量有什么影响？

(3) 在自准法测量焦距实验中移动透镜位置时，为什么也能在物屏上先后二次出现成像现象？哪一个是透镜的自准像？怎样判别？

实验 2　分光计的调整和测量三棱镜玻璃的折射率

【实验目的】

(1) 了解分光计的结构，掌握调节和使用分光计的方法。
(2) 掌握测定棱镜角的方法。
(3) 用最小偏向角法测定棱镜玻璃的折射率。

【实验仪器】

分光计、平面镜、三棱镜、光源（汞灯或钠光灯）。

【实验原理】

棱镜玻璃的折射率，可用测定最小偏向角的方法求得。如图 4.2.1 所示，光线 LD 经待测棱镜的两次折射后，沿 ER 方向射出时产生的偏向角为 δ。在入射光线和出射光线处于光路对称的情况下，即 $i_1=i_4$，偏向角为最小，记为 $\delta_{\min}$，可以证明，棱镜玻璃的折射率 n 与棱镜顶角 α、最小偏向角 $\delta_{\min}$ 有如下关系：

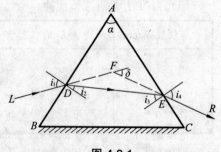

图 4.2.1

$$n = \frac{\sin\dfrac{\alpha + \delta_{\min}}{2}}{\sin\dfrac{\alpha}{2}} \tag{4.2.1}$$

因此，只要测出顶角 α、最小偏向角 $\delta_{\min}$，就可以根据上式求得折射率为 n。

由于透明材料的折射率是光波波长的函数，同一棱镜对不同波长的光具有不同的折射率，所以当复色光经棱镜折射后，将产生色散现象。

【仪器介绍】

分光计是一种常用的光学仪器，实际上是一种精密的测角仪，可用来测定棱镜角、光束的偏向角等，加上分光元件，可用来观察光谱、测量光谱线的波长等。

1. 分光计的结构

不同的分光计在结构上各有特点，但基本上结构相同，都包含底座、平行光管、望远镜、载物台和读数装置（刻度圆盘）几大部分。下面以 JJY 型分光计为例，说明它的结构原理和调节方法。分光计的外形如图 4.2.2 所示。

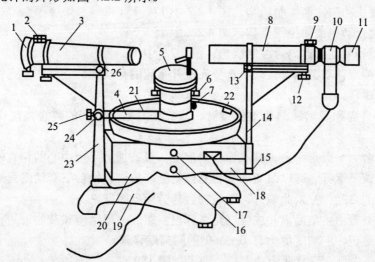

1—狭缝装置；2—狭缝装置锁紧螺钉；3—准直管；4—制动架(二)；5—载物台；6—载物台调平螺钉；
7—载物台锁紧螺钉；8—望远镜；9—望远镜锁紧螺钉；10—阿贝式自准直目镜；11—目镜视度调节手轮；
12—望远镜光轴高低调节螺钉；13—望远镜光轴水平调节螺钉；14—支臂；15—望远镜微调螺钉；
16—望远镜止动螺钉；17—转轴与度盘止动螺钉；18—制动架(一)；19—底座；20—转座；
21—度盘；22—游标盘；23—立柱；24—游标盘微调螺钉；25—游标盘止动螺钉；
26—准直管光轴水平调节螺钉

图 4.2.2 分光镜

（1）分光计的底座要求平稳而坚定，在底座的中央固定着中心轴，刻度盘和游标内盘套在中心轴上，可以绕中心轴旋转。

（2）平行管（又称准直管）固定在底座的立柱上，用来产生平行光，它由一个凸透镜和一个缝宽可调节的狭缝组成（狭缝调节范围 0.02～2 mm），两者分别装在一副可以伸缩的套管两端。

（3）望远镜安装在支臂上，支臂与转座固定在一起，套在主刻度盘上，可绕中心轴旋转，它配有调节倾角和方位的螺钉。望远镜用来观察目标和确定光线进行方向。物镜与一般望远镜的物镜相同，而目镜常用阿贝式目镜，如图 4.2.3 所示。

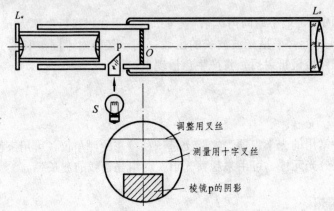

图 4.2.3　阿贝目镜式望远镜

（4）分光计上控制望远镜和刻度盘转动的有三套机构，正确运用它们对于测量很重要，它们是：

① 望远镜止动和微调控制机构，图 4.2.2 中 17，15。

② 游标盘止动和微动控制机构，图 4.2.2 中 25，24。

③ 望远镜和刻度盘的离合控制机构，图 4.2.2 中 16。

转动望远镜或移动游标位置时，都要先松开相应的止动螺钉，微调望远镜及游标位置时要先拧紧止动螺钉。

要改变刻度盘和望远镜的相对位置时，应先松开它们之间的离合控制螺钉，调整后再拧紧。

（5）载物台为一圆形平台，套在游标内盘上，可绕通过平台中心的铅直轴转动和升降。平台下有三个调节螺钉，可以改变载物台的倾斜度。放松载物台下套筒侧面的锁紧螺钉 7，可改变载物台的高度，拧紧此螺钉，则载物台与游标盘固联。

（6）读数装置由主刻度盘和内盘（角游标盘）组成。望远镜和载物台的相对方位可由刻度盘上的读数确定，主刻度盘上有 0～360° 的圆刻度，最小刻度为 0.5°。内盘上设有两个角游标，两者相隔 180°，游标上有 30 个分格，与主刻度盘上 29 个分格相当，因此最小读数为 1′。读数方法参照游标原理，如图 4.2.4 所示，它的读数为 167°11′。记录测量数据时，必须同时读取两个游标的读数（这样是为消除刻度盘的刻度中心和仪器转轴之间的偏心差）。可以证明，若左右两个角游标所测得的转角分别为 φ_1 和 φ_2，它们都可能偏心误差，但它们的平均值 $\varphi = (\varphi_1 + \varphi_2)/2$ 中不含偏心误差。

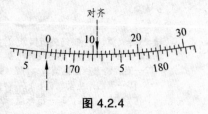

图 4.2.4

2. 分光计的调节

1）调节要求

分光计是在平行光中观察有关现象并测量角度，因此要求分光计光学系统（平行光管和望远镜）要适应平行光，同时从刻度盘上读出的角度要符合观测现象中的实际角度。

用分光计进行观测时，其观测系统基本上由下述三个平面构成：

① 读值平面：它是由主刻度盘和游标内盘绕中心轴旋转时形成的，对每一具体的分光计，读值平面都是固定的，且和中心主轴垂直。

② 观察平面：它是由望远镜光轴绕仪器中心轴旋转时所形成的。只有当望远镜光轴与转轴垂直时，观察平面才是一个平面，否则，将形成一个以望远镜光轴为母线的圆锥面。

③ 待测光路平面：它由准直管光轴和经过待测光学元件（棱镜、光栅等）作用后，所反射、折射和衍射的光线共同确定的。调节载物平台下方的三个调节螺钉，可以将待测光路平面调节到所需的方位。

按调节要求，应将此三个平面调节成相互平行，否则测得的角度将与实际有些差异，引入系统误差。

为保证三个平面相互平行，即要求：

① 平行光管的出射光是平行光束。

② 望远镜调焦于无穷远（适于观察平行光）。

③ 平行光管和望远镜光轴都与分光计中心轴垂直。

2）调节方法

（1）粗调。

① 调节目镜，看清测量用十字叉丝，如图 4.2.3 所示。

② 用望远镜观察远处的物体，调节物镜，使远处物体的像和目镜中的十字叉丝同时清楚。

③ 将载物台平面和望远镜轴尽量调成水平（目测）。

在分光计调节中，粗调很重要，如果粗调不认真，可能给细调造成困难。

（2）细调。

双面的平面反射镜（或三棱镜）放在载物台上，如图 4.2.5 所示（注意放置方位，要由一个螺钉来控制一个反射面的倾斜。）

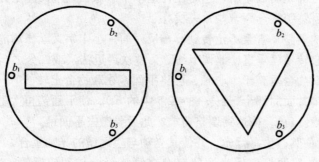

图 4.2.5

① 用自准直原理调望远镜适合平行光（望远镜调焦于无穷远）。

点亮小十字叉丝照明用灯，使望远镜视场明亮。轻旋目镜，改变目镜至分划板的距离直至看清分划板黑色叉丝。

将望远镜垂直对准平面镜的一个反射面，如果从望远镜中看不到绿色小十字叉丝的反射像，就慢慢左右转动载物平台去找（若粗调认真，就不难找到反射像），如果仍然找不到反射像，就要稍微调一下图 4.2.5 中的控制该反射面的螺钉 b_1，再慢慢左右转动平台去找。

看到小十字叉丝反射像后（此时可能是模糊的亮十字，甚至是反射光斑），按图 4.2.6 调物镜聚焦，使小十字叉丝像清楚且与测量用十字叉丝间无视差。这样望远镜就已适合平行光，以后不许再调望远镜。

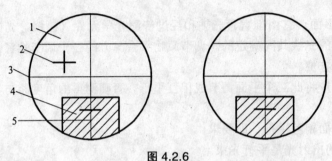

图 4.2.6

1—调整用叉丝；2—十字叉丝反射像；3—测量用叉丝；4—棱镜 p 的阴影；5—十字叉丝

② 用逐次逼近法调望远镜光轴与中心轴垂直（即把观察面调成平面，观察平面与读数平面平行）。

由镜面反射的小十字叉丝像和调整叉丝如果不重合（注意：调整叉丝是图 4.2.6 中上半部的黑十字线，它与下半部的透光小十字叉丝中心点对称），调节望远镜倾斜使二叉丝间的偏离减少一半，再调节平台螺钉 b_1，使二者重合。

转动载物平台，使另一镜面对准望远镜，左右缓慢转动平台，直到看到反射的小十字叉丝像，如果它和调整叉丝不重合，再调望远镜和平台螺钉 b_1，各调回一半。

调节过程中可能发现从平面镜的第一面见到小十字叉丝像，而在第二面则找不到，这可能是粗调不细致，经第一面调节后，望远镜光轴和平台面均显著不水平，这时要重新粗调。如果望远镜轴及平台面无明显倾斜，这时往往是小十字像在调节叉丝上方视场之外，可适当调望远镜倾斜（使目镜稍微升高一些）去找。

反复进行以上的调整，直至不论转到哪一反射面，小十字叉丝像均能和调整叉丝重合，则望远镜光轴与中心转轴已垂直，此调节法称为逐次逼近法（或二分之一调节法）。

若要进而调整载物台垂直于中心轴，可将平面镜在载物台上转 90°，再调节载物台调平螺钉中原来与平面镜共面的那个螺钉（图 4.2.5 中的 b_3），使平面镜再次垂直于望远镜（注意不能改变望远镜的倾斜角），使达到调整要求，此后要撤去平面镜。

③ 调节准直管使其产生平行光，并使其光轴与望远镜的光轴重合。

关闭望远镜叉丝照明灯，用光源照亮准直管狭缝。转动望远镜，对准准直管。将狭缝宽度适当调窄（0.5~1.0 mm），前后移动狭缝，使从望远镜看到清晰的狭缝像，并且狭缝像和测量叉丝之间无视差。这时狭缝已位于准直管物镜的焦平面上，即准直管出射平行光束。

调整直管倾斜，使狭缝像的中心位于望远镜测量叉丝的交点上，这时准直管和望远镜的光轴平行，并近似重合。

至此，已达到分光计调整的基本要求，根据实验内容的不同需要，置入待测元件后，还要进行某些相应的调节。

【实验内容】

（1）对照教材与仪器，熟悉分光计的结构、各调节螺钉的位置及调节方法。将分光计调好。

（2）用反射法测三棱镜顶角 α。

如图 4.2.7 所示，将三棱镜放于载物平台上，使棱镜顶角靠近分光计主轴附近，并对准平行光管，平行光管的出射光照在棱镜的两个折射面上，将望远镜转至 I 处观测左侧反射光，调节望远镜使叉丝对准狭缝，从两个游标卡尺读出角度 φ_1 和 φ_1'；再将望远镜转到 II 处，观测右侧反射光，又可从游标卡尺读出两个角度 φ_2 和 φ_2'。重复测量三次按下式计算顶角 α

$$\alpha = \frac{1}{4}[|\varphi_2 - \varphi_1| - |\varphi_2' - \varphi_1'|] \tag{4.2.2}$$

（3）最小偏向角 $\delta_{\min}$ 的测定。

① 将待测三棱镜放于载物台上，注意使三棱镜一个折射面的法线与平行光管轴线大约成 60°角，如图 4.2.8 所示。

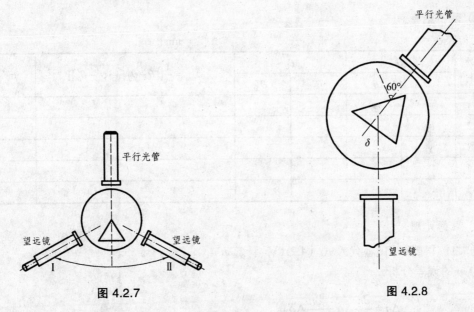

图 4.2.7　　　　　　　　　　　　　图 4.2.8

② 仍用钠光灯照亮狭缝，根据折射定律判断折射光线的出射方向。转动望远镜找到平行光管狭缝像。选择偏向角减小的方向，缓慢转动载物台使偏向角减小，继续沿这个方向转动载物台时，可看到狭缝像移至某一位置后将反向移动（在转动载物台的过程中，如果狭缝像移出望远镜视场，则必须转动望远镜跟踪狭缝像）。这说明，偏向角存在一个最小值，即最小偏向角。准确地找到狭缝像移动发生逆转的位置，固定载物台，旋紧载物台紧固螺丝，使叉丝竖线对准狭缝像中央，记下两个窗口的游标读数，即读出出射角 θ 和 θ'。

③ 拿掉三棱镜，使望远镜直接对准平行光管，叉丝竖线对准狭缝中央，从两个窗口读出入射角 θ_0 和 θ_0'，按下式计算最小偏向角

$$\delta_{min} = \frac{1}{2}[|\theta - \theta_0| - |\theta' - \theta_0'|] \qquad (4.2.3)$$

④ 重复步骤②、③三次，计算 $\overline{\delta_{min}}$。

【数据记录及处理】

1）数据记录

① 测顶角。

次数	φ_2		φ_1		$\alpha = \frac{1}{4}[|\varphi_2 - \varphi_1| + |\varphi_2' - \varphi_1'|]$
	游标 I 读数 φ_2	游标 II 读数 φ_2'	游标 I 读数 φ_1	游标 II 读数 φ_1'	
1					
2					
3					
4					
5					

平均 $\alpha =$

② 测折射率。

光的颜色 = ，波长 = nm

次数	θ		θ_0		$\delta_{min} = \frac{1}{2}[|\theta - \theta_0| + |\theta' - \theta_0'|]$	n
	θ	θ'	θ_0	θ_0'		
1						
2						
3						
4						
5						

2）数据处理

① 将测得的 α 和 δ_{min} 代入式（4.2.1），计算 $n =$ 。

② n 的误差分析。

$$\Delta n = \frac{\partial n}{\partial \alpha} \Delta \alpha + \frac{\partial n}{\partial \delta} \Delta \delta =$$

而 $$\frac{\partial n}{\partial \alpha} = -\frac{1}{2} \cdot \frac{\sin \alpha / 2}{\sin^2 \alpha / 2}; \quad \frac{\partial n}{\partial \delta} = \frac{1}{2} \cdot \frac{\cos(\delta + \alpha)/2}{\sin \alpha / 2}$$

③ 正确表示测量结果。

【思考题】

（1）能否用三棱镜代替平面镜进行分光计的调节？为什么？

（2）为什么测量最小偏向角位置稍有偏差对实验结果仅产生较小的影响？

（3）弧形游标与直线游标有何区别？

附表：常温下某些物质相对空气的光的折射率

物　质 ＼ 波　长	656.3 nm	589.3 nm	486.1 nm
水	1.331 4	1.333 2	1.337 3
乙　醇	1.360 9	1.362 5	1.366 5
二硫化碳	1.619 9	1.629 1	1.654 1
冕玻璃（轻）	1.512 7	1.515 3	1.521 4
冕玻璃（重）	1.612 6	1.615 2	1.621 3
燧石玻璃（轻）	1.603 8	1.608 5	1.620 0
燧石玻璃（重）	1.743 4	1.751 5	1.772 3
方解石（寻常光）	1.654 5	1.658 5	1.667 9
方解石（非常光）	1.484 6	1.486 4	1.490 8
水晶（寻常光）	1.541 8	1.544 2	1.549 6
水晶（非常光）	1.550 9	1.553 3	1.558 9

实验 3　用透射光栅测定光波波长

【实验目的】

（1）加深对光栅分光原理的理解。

（2）用透射光栅测定光栅常数、光波波长。

（3）熟悉分光计的使用方法。

【实验仪器】

分光计、平面透射光栅、汞灯。

【实验原理】

光栅和棱镜一样，是重要的分光元件，已广泛应用在单色仪、摄谱仪等光学仪器中。实际上，平面透射光栅是一组数目极多的等宽、等间距的平行狭缝，如图 2.3.1 所示。

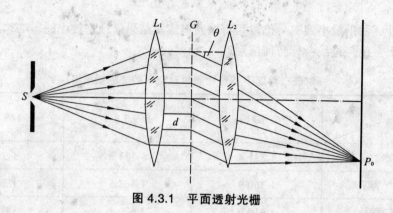

图 4.3.1　平面透射光栅

狭缝光源 S 位于透镜 L_1 的物方焦平面上，G 为光栅，光栅上相邻狭缝间距 d，狭缝缝宽 a，缝间不透光部分宽为 b，$d=a+b$ 称为光栅常数。自 L_1 射出的平行光垂直照射在光栅 G 上。透镜 L_2 将与光栅法线成 θ 角的衍射光会聚于其像方焦平面上的 P_0 点，产生衍射亮条纹的条件为

$$d\sin\theta = k\lambda \tag{2.3.1}$$

上式即为光栅方程，式中，θ 是衍射角；λ 是光波波长；k 是条纹级数（$k=0，\pm1，\pm2\cdots$），衍射亮条纹实际上是光源狭缝的衍射像，是一条细锐的亮线。当 $k=0$ 时，在 $\theta=0$ 的方向上，各种波长的亮线重叠在一起，形成明亮的零级像。对于 k 的其他数值，不同波长的亮线出现在不同的方向上形成光谱，对称地分布在零级条纹的两侧。因此，若光栅常数 d 已知，测出某谱线的衍射角 θ 和光谱级 k，则可由式（2.3.1）求出该谱线的波长 λ；反之如果波长 λ 是已知的，则可求出光栅常数 d。

【实验内容】

1. 分光计的调节

按《分光计的调整和测量三棱镜玻璃的折射率》实验的有关内容调节分光计，即：

① 望远镜调焦无穷远。

② 望远镜、准直管主轴均垂直于仪器主轴。

③ 准直管（平行光管）发出平行光。

2. 光栅位置的调节

① 根据前述原理的要求，光栅平面应调节到垂直于入射光。

② 根据衍射角测量的要求，光栅衍射面应调节到和观测面度盘平面一致。

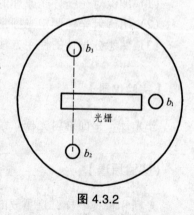

图 4.3.2

当分光计的调节完成后，方可进行这部分调节。

首先，使望远镜对准平行光管，从望远镜中观察被照亮的平行光管狭缝的像，使其和叉丝的竖直线重合，固定望远镜，然后参照图 2.3.2 放置光栅，点亮目镜叉丝照明灯（移开或关闭狭缝照明灯），左右转动载物平台，看到反射的"绿十字"，调节平台螺钉 b_2 或 b_3，使绿十字和目镜中的调整叉丝重合，这时光栅面已垂直于入射光。

用汞灯照亮平行光管的狭缝，转动望远镜，观察光谱，如果左右两侧的光谱线相对于目镜中叉丝的水平线高低不等，说明光栅的衍射面和观察面不一致，这时可调节平台上的螺钉 b_1 使它们一致。

3. 测光栅常数 d

根据式（4.3.1），只要测出第 k 级光谱线中波长已知的谱线的衍射角 θ，就可求出 d 值。已知波长可以用汞灯光谱中的绿线（$\lambda = 5\,460.7$ Å），也可用钠灯光谱中二黄线（$\lambda_1 = 5\,895.9$ Å、$\lambda_2 = 5\,890$ Å）之一。光谱线级次 k 自己确定。

转动望远镜到光栅的一侧，使叉丝的竖直线对准已知波长的第 k 级谱线的中心，记录二游标值。

将望远镜转向光栅的另一侧，测量同上，同一游标的两次读数之差是衍射角 θ 的二倍。

重复测量三次，计算 d 值平均值。

4. 测量未知波长

由于光栅常数 d 已测出，因此只要测出未知波长的第 k 级谱线的衍射角 θ，就可求出其波长值 λ。

可以选取汞灯光谱中的几条强谱线作为波长未知的测量目标，衍射角的测量同上。

【数据记录及处理】

测量_____色谱线，波长 $\lambda = $ _____，第 $k = $ _____级

	1	2	3	4	平均
$\varphi_{左}$					
$\varphi'_{左}$					
$\varphi_{右}$					
$\varphi'_{右}$					

$$\theta = \frac{1}{4}[\,|\varphi_{左} - \varphi_{右}| + |\varphi'_{左} - \varphi'_{右}|\,] = $$

$$d = \frac{k\lambda}{\sin\theta} = $$

测量_____色谱线，第 $k = $ _____级，光栅常数 $d = $ _____

	1	2	3	4	平均
$\varphi_{左}$					
$\varphi'_{左}$					
$\varphi_{右}$					
$\varphi'_{右}$					

$$\theta = \frac{1}{4}[\,|\varphi_{左} - \varphi_{右}| + |\varphi'_{左} - \varphi'_{右}|\,] = $$

$$\lambda = \frac{d\sin\theta}{k} = $$

计算出 d 与 λ 的标准偏差。

【注意事项】

（1）光栅位置调节的两项要求逐一调节后，应再重复检查，因为调节后一项时可能对前一项的状况有些破坏。

（2）光栅位置调好之后，在实验中不应移动。

（3）光栅是精密光学仪器，严禁用手触摸刻痕，以免弄脏或损坏。

（4）汞灯紫外光很强，不可直视，以免灼伤眼睛。

【思考题】

（1）在调节过程中，如果发现光谱线倾斜，这说明什么问题？如何调整？

（2）当用钠光（$\lambda = 5\,890$ Å）垂直入射到 1 mm 内有 500 条刻痕的平面透射光栅上，试问最多能看到第几级光谱，并说明其理由？

（3）平行光管不严格垂直光栅平面时，试估计对波长的测量有什么影响？

（4）比较棱镜和光栅分光的主要区别。

实验 4 光的等厚干涉现象及其应用

光的等厚干涉是利用透明薄膜的上下两表面对入射光依次反射，反射光相遇时发生的。干涉条件取决于光程差，光程差又取决于产生反射光的薄膜厚度，同一干涉条纹所对应的薄膜厚度相等，所以叫做等厚干涉。

【实验目的】

（1）观察牛顿环和劈尖的干涉现象。

（2）了解形成等厚干涉现象的条件及特点。

（3）用干涉法测量透镜的曲率半径以及测量物体的微小直径或厚度。

【实验仪器】

牛顿环装置、钠光灯、读数显微镜、劈尖、游标卡尺等。

【实验原理】

当一个曲率半径很大的平凸透镜的凸面放在一片平玻璃上时，两者之间就形成类似劈尖的劈形空气薄层，当平行光垂直地射向平凸透镜时，由于透镜下表面所反射的光和平玻璃片上表面所反射的光互相干涉，结果形成干涉条纹。如果光束是单色光，我们将观察到明暗相同的同心环形条纹；如是白色光，将观察到彩色条纹。这种同心的环形干涉条纹，称为牛顿环。牛顿环是牛顿于 1675 年在制作天文望远镜时，偶然把一个望远镜的物镜放在平玻璃上发现的。牛顿环是一种典型的等厚干涉，利用它可以检验一些光学元件的平整度、光洁度；测定透镜的曲率半径或测量单色光波长等。

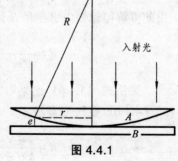

图 4.4.1

本实验用牛顿环来测定透镜的曲率半径。为此，需要找出干涉条纹半径 r，光波波长 λ 和透镜曲率半径 R 三者之间的关系。

设在条纹半径 r 处空气厚度为 e，如图 4.4.1 所示，那么，在空气层下表面 B 处所反射的光线比 A 处所反射的光线多经过一段距离 $2e$。此外，由于两者反射情况不同，B 处是从光疏媒质（空气）射向光密媒质（玻璃）时在界面上的反射，A 处则从光密媒质射向光疏媒质时被反射，因 B 处产生半波损失，所以光程差还要增加半个波长，即

$$\delta = 2e + \lambda/2 \tag{4.4.1}$$

根据干涉条件，当光程差为波长整数倍时互相加强，为半波长奇数倍时互相抵消，因此

$$2e + \lambda/2 = k\lambda \qquad \text{（明环）}$$
$$2e + \lambda/2 = (2k+1)(\lambda/2) \qquad \text{（暗环）} \tag{4.4.2}$$

从上图中可知

$$r^2 = R^2 - (R-e)^2 = 2Re - e^2$$

因 R 远大于 e，故 e^2 远小于 $2Re$，e^2 可忽略不计，于是

$$e = r^2/(2R) \tag{4.4.3}$$

上式说明，e 与 r 的平方成正比，所以离开中心愈远，光程差增加愈快，看到的圆环也变得愈来愈密。

把式（4.4.3）代入式（4.4.2），可求得明环和暗环的半径

$$r^2 = \sqrt{(2k-1)R(\lambda/2)} \qquad \text{（明环）}$$
$$r^2 = \sqrt{kR\lambda} \qquad \text{（暗环）} \tag{4.4.4}$$

如果已知入射光的波长 λ，测出第 k 级暗环的半径 r，由上式即可求出透镜的曲率半径 R。

但在实际测量中，牛顿环中心不是一个理想的暗点，而是一个不太清晰的暗斑，无法确切定出 k 值，又由于镜面上有可能存在微小灰尘，这些都给测量带来较大的系统误差。

我们可能通过取两个半径的平方差值来消除上述两种原因造成的误差。假设附加厚度为 a 时，则光程差为

$$\delta = 2(e+a) + \lambda/2 = (2k+1)(\lambda/2)$$

即 $\qquad\qquad e = k(\lambda/2) - a$

将式（4.4.3）代入，得

$$r^2 = kR\lambda - 2Ra \tag{4.4.5}$$

取 m、n 级暗环，则对应的暗环半径为 r_m、r_n，由（4.4.5）式可得

$$r_m^2 = mR\lambda - 2Ra$$

$$r_n^2 = nR\lambda - 2Ra$$

由此可解得透镜曲率半径 R 为

$$R = \frac{r_m^2 - r_n^2}{\lambda(m-n)} \qquad\qquad (4.4.6)$$

采用式（4.4.6）比采用式（4.4.4）能得到更准确的结果，又由于环心不易定准，所以式（4.4.6）要改用直径 d_m、d_n 来表示，即

$$R = \frac{d_m^2 - d_n^2}{4\lambda(m-n)} \qquad\qquad (4.4.7)$$

本实验即采用上式计算透镜的曲率半径。

劈尖干涉也是一种等厚干涉，如图 4.4.2 所示，其同一条纹是由劈尖相同厚度处的反射光相干产生的，其形状决定于劈尖等厚点的轨迹，所以是直条纹。与牛顿环类似，劈尖产生暗纹条件为

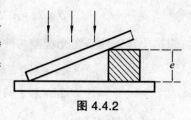

图 4.4.2

$$2e + \lambda/2 = (2k+1)(\lambda/2)$$

与 k 级暗纹对应的劈尖厚度

$$e = k(\lambda/2)$$

设薄片厚度 d，从劈尖尖端到薄片距离 l，相邻暗纹间距 Δl，则有

$$d = (l/\Delta l)\cdot(\lambda/2)$$

【实验内容】

利用牛顿环测定透镜的曲率半径：

（1）启动钠光灯电源，几分钟后，等灯管发光稳定后就可以开始实验了，注意不要反复拨弄开关。

（2）利用自然光或灯光调节牛顿装置，均匀且很轻地调节装置上的三个螺丝，使牛顿环中心条纹出现在透镜正中，无畸变，且为最小，然后放在显微镜物镜下方。

（3）前后左右移动读数显微镜，也可轻轻转动镜筒上的 45°反光玻璃 G，使钠光灯正对 45°玻璃，直至眼睛看到显微镜视场较亮，呈黄色。

（4）用显微镜观察干涉条纹。先将显微镜筒放至最低，然后慢慢升高镜筒，看到条纹后，来回轻轻微调，直到在显微镜整个视场都能看到非常清晰的干涉条纹，观察并解释干涉条纹的分布特征。

（5）测量牛顿环的直径。转动目镜，看清目镜筒中的叉丝，移动牛顿环仪，使十字叉丝的交点与牛顿环中心重合，移动测微鼓轮，使叉丝交点都能准确地与各圆环相切，这样才能正确无误地测出各环直径。

在测量过程中，为了避免转动部件的螺纹间隙产生的空程误差，要求转动测微鼓轮使叉丝超过右边第 33 环，然后倒回到第 30 环开始读数（在测量过程中也不可倒退，以免产生误差）。在转动鼓轮过程中，每一个暗环读一次数，记下各次对应的坐标 X。第 20 环以下，由于条纹太宽，不易对准，不必读数。这样，在牛顿环两侧可读出 20 个位置数据，由此可计算出从第 21 环至第 30 环的 10 个直径，即

$$d_1 = |X_1 - X_2|$$

式中，X_1、X_2 分别为同一暗环直径左右两端的读数。这样一共 10 个直径数据，按 $m-n=5$ 配成 5 对直径平方之差，即（$d_m^2 - d_n^2$）。

（6）已知钠光波长 $\lambda = 5.893 \times 10^{-5}\,\mathrm{cm}$，利用式（4.4.7）分别求出 5 个相应的透镜曲率半径值，并求出算术平均值。

利用劈尖干涉测定微小厚度或细丝直径：

将叠在一起的两块平板玻璃的一端插入一个薄片或细丝，两块玻璃板间即形成一空气劈尖。当用单色光垂直照射时，和牛顿环一样，在劈尖薄膜上、下两表面反射的两束光也将发生干涉，呈现出一组与两玻璃板交接线平行且间隔相等、明暗相同的干涉条纹，这也是一种等厚干涉。

（1）将被测薄片或细丝夹于两玻璃板之间，用读数显微镜进行观察，描绘劈尖干涉的图像。

（2）测量劈尖两块玻璃板交线到待测薄片间距 l。

（3）测量 10 个暗纹间距，进而得出一个条纹间距 Δl。

（4）数据表格自拟，上述每个量至少测量 3 次。

【数据记录及处理】

（1）数据记录。

$m\ n$	X_1/cm	X_2/cm	$d_i = |X_1 - X_2|$/cm	D_i^2/cm^2	（$d_m^2 - d_n^2$）/cm^2	R/cm
30 25						
29 24						
28 23						
27 22						
26 21						
平均值						

（2）数据处理。

计算残差

$$v_i = R_i - \overline{R}$$

式中，$i = 1$，2，3，4，5，分别对应于表格中最右边一行自上而下的次序。用任意一次测量值的标准偏差作绝对误差，即由上表计算，得结果表达式为

$$\sigma_R = \Delta R = \sqrt{\frac{\sum_{i=1}^{5}(R_i - \overline{R})^2}{5-1}}$$

$$R = \overline{R} \pm \Delta R = (\qquad \pm \qquad)\ (\text{cm})$$

$$E = \frac{\Delta R}{R}$$

【思考题】

(1) 在实验原理和实验内容中，提出了哪些措施来避免或减少误差？

(2) 在用牛顿环测透镜曲率半径实验中，如不是测量牛顿环直径而是测量弦长是否可以？试从理论和实验分别说明。

(3) 从牛顿环装置透射出来的光形成的干涉条纹与反射光形成的干涉条纹有何不同？

实验 5　迈克尔逊干涉仪

迈克尔逊干涉仪是一种著名的干涉仪，其主要特点是利用分振幅法产生双光束以实现干涉。在近代物理和近代计量技术中，迈克尔逊干涉仪具有一定的地位。当时迈克尔逊用它做了两个重要的实验，首次系统地研究了光谱线的精细结构，以及直接将光谱线的波长与标准尺进行比较。后来，人们又将该干涉仪的基本原理推广到许多方面，研制成各种形式的干涉仪。激光出现以后，有了单色性非常好的光源，它的应用就更为广泛。

【实验目的】

(1) 掌握迈克尔逊干涉仪的调节方法并观察各种干涉图样。

(2) 区别等倾干涉、等厚干涉和非定域干涉，测定 He-Ne 激光波长。

【实验仪器】

迈克尔逊干涉仪、He-Ne 激光器及电源、小孔光阑、扩束镜（短焦距会聚镜）、毛玻璃屏等。

【实验原理】

1. 仪器的构造

图 4.5.1 为干涉仪的实物图，图 4.5.2 则为其光路示意图。

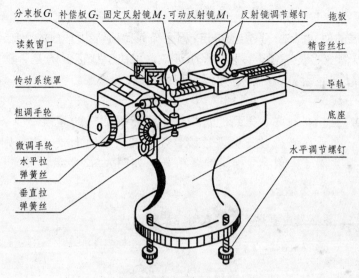

图 4.5.1　干涉仪

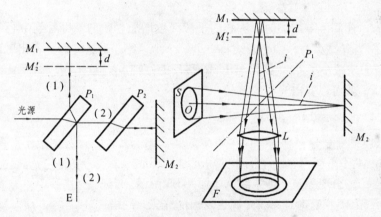

图 4.5.2　干涉仪光路示意图

其中 M_1 和 M_2 为两平面反射镜，M_1 可在精密导轨上前后移动，而 M_2 是固定的。P_1 是一块平行平面板，板的第二表面（靠近 P_2 的面）涂有半反射膜，它和全反射镜 M_1 成 45°角。P_2 是一块补偿板，其厚度及折射率和 P_1 完全相同，且与 P_1 平行，它的作用是补偿两路光的光程差，使两束光分别经过厚度和折射率相同的玻璃三次。在白光实验时，可抵消光路（1）中分光镜色散的影响。

放松刻度轮止动螺钉，转动刻度轮，可使反射镜 M_1 沿精密导轨前后移动，当锁紧止动螺钉，转动微量读数鼓轮时，通过蜗轮蜗杆系统可转动刻度轮，从而带动 M_1 微微移动，微量读数鼓轮最小格值为 10^{-4} mm，可估读到 10^{-5} mm，刻度轮最小分度值为 10^{-2} mm。M_1 的位置读数由导轨上标尺、刻度轮和微量读数鼓轮三部分组成。反射镜 M_2 背后有三个螺钉，用以粗调 M_2 的倾斜度，它的下方还有两个相互垂直的微调螺丝，以便精确调节 M_2 的方位。

2. 干涉条纹的图样

由于光源性质的不同，用迈克尔逊干涉仪可观察定域干涉和非定域干涉。

1）定域干涉

当使用扩展的面光源时，只能获得定域干涉，定域干涉因形成的干涉条纹有一定的位置而得名。定域干涉又分为等倾干涉和等厚干涉，这取决于 M_1 和 M_2 是否垂直，或者说 M_1 和 M_2' 是否平行。M_2' 是反射镜 M_2 被分光板 P_1 反射所形成的虚像。

（1）等倾干涉。

当 M_1 和 M_2' 互相平行时，得到的是相当于平行平面板的等倾干涉条纹，其干涉图样定位于无限远，如果在 E 处放一会聚透镜，并在其焦平面上放一屏，则在屏上可观察到一圈圈的同心圆。对于入射角 i 相同的各束光，如图 4.5.2 所示，其光程差均为

$$\delta = 2d\cos i \tag{4.5.1}$$

对于 k 级亮条纹，显然是由满足下式的入射光反射而成的

$$\delta = 2d\cos i = k\lambda \tag{4.5.2}$$

在同心圆的圆心处 $i=0$，干涉条纹的级数最高，此时有

$$\delta = 2d = k\lambda \tag{4.5.3}$$

当移动 M，使间隔 d 增加时，圆心的干涉级数增加，我们就可看到中心条纹一个一个向外"冒出"，而当 d 减小时，中心条纹将一个一个地"缩"进去。每"冒出"或"缩进"一个条纹，d 就增加或减小了 $\lambda/2$。如果测出 M_1 移动的距离 Δd，数出相应的"冒出"或"缩进"的条纹个数 Δk，就可以算出光源的波长

$$\lambda = 2(\Delta d / \Delta k)$$

（2）等厚干涉。

当 M_1 和 M_2' 不平行而有一个很小的角度时，形成一个楔形的空气层，将出现等厚干涉条纹，如图 4.5.3 所示。当 d 很小，即 M_1 和 M_2' 相交时，由面光源上发出的光束，经楔形空气薄层两面反射所产生的等厚干涉条纹定位于楔形空气层的表面。要看清楚这些条纹，眼睛必须聚焦在 M_1 镜附近，也可用凸透镜将空气楔成像在其共轭面上。此时，相干处的光程差公式仍为（4.5.1）式，由于 d 很小，光程差的变化主要取决于 d 的变化，入射角变化的影响可以忽略不计。因此，在空气楔上厚度相同的地方有相同的光程差，我们就可以观察到平行于楔棱的直条纹。当 d 增大时，入

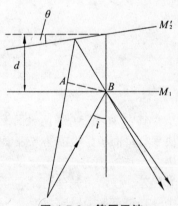

图 4.5.3 等厚干涉

射角 i 的变化对光程差的影响不能忽略，此时将引起条纹的弯曲，并凸向楔棱一边，即凸向 M_1 和 M_2' 的交线。

2）非定域干涉

用 He-Ne 激光做光源，使激光束通过扩束镜会聚后发散，就得到了一个相干性很好的点光源。它发出的球面波先被分光板 P_1 分光，然后射向两全反射镜，经 M_1 和 M_2 反射后，在人眼观察方向就得到了两个相干的球面波，它们如同是由位于 M_1 后的两个虚光源 S_1 和 S_2 产生的，如图 4.5.4 所示。由两虚点光源产生的两列球面波，在空间相遇处都能进行干涉，干涉

142

条纹不定域，故称非定干涉。非定干涉的图样，随观察屏的方向和位置不同而不同。当观察屏垂直于 S_1 和 S_2 的连线时，是同心圆条纹，圆心是 S_1 和 S_2 连接延长线和屏的交点。如转动观察屏不同角度，则可看到椭圆、双曲线和直线等几种干涉图样。

如调节反射镜 M_2 的微调螺钉，使 $M_1 \parallel M_2'$，此时和 M_1 平行放置的观察屏上就出现同心圆条纹，圆心在光场中心。两虚点光源的间距为 M_1 和 M_2 间距 d 的两倍，即圆心处光程差为 $2d$。与前面讨论等倾干涉情况类似，当 d 增加时，中心条纹一个个"冒出"，反之，则一个个"缩进"。这时同样也可用公式（4.5.3）来计算波长。

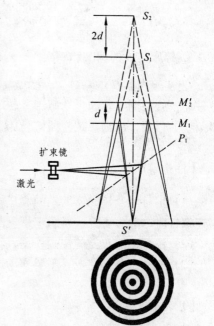

图 4.5.4 非定域干涉图样

【实验内容】

1. 非定域干涉条纹的调节和激光波长的测量

移动迈克尔逊干涉仪或激光器使激光投射在分光镜 P_1 和全反射镜 M_1 和 M_2 的中部，激光束初步和 M_2 垂直。靠近激光器处放一小孔光阑 F，让激光束穿过小孔，用纸片在 M_2 前挡住激光束，观察由 M_1 反射产生的光点在小孔光阑上的位置，微微转动仪器或调节固定激光管的圆环上的固定螺钉，使三个光点中的最亮点与小孔重合。然后用纸片挡住 M_1，调节 M_2 后的三个螺钉，直至 M_2 反射亮点与小孔 F 重合。这时，M_1 和 M_2 大致垂直。

在光阑后放一扩束镜使光束汇聚，形成点光源，并使其发出的球面波照射到 P_1 上，再在 E 处放置一毛玻璃屏 H，这时在屏上就可看到干涉条纹，此时再调节 M_2 的两个微调螺钉，使 M_1 和 M_2' 严格平行，在屏上就可看到非定域的同心圆条纹，且圆心位于光场的中间。

转动手柄使 M_1 前后移动，观察中心条纹冒出或缩进，说明 M_1 和 M_2' 之间的距离是增大还是减小。观察间隔 d 自较大的值逐渐变小至零，然后又由零逐渐往反向增大时，干涉条纹的粗细与疏密的变化，并解释原因。

锁紧刻度盘止动螺钉，转动微量读数鼓轮，使 M_1 移动，数出在圆心处冒出或缩进干涉条纹的个数 Δk，并记录 M_1 对应的移动距离 Δd，便可由公式 $\lambda = 2(\Delta d / \Delta k)$ 求出激光的波长。实验要求取 $\Delta k = 30$，连续重复 10 次，即总共数出 300 次变化数，计算任意一次测量值的标准偏差作绝对误差，并写出结果表达式。所得波长平均值与标准值 632.8 nm 比较，求百分误差。

2. 等倾条纹的调节和观察

在扩束镜与分光板 P_1 之间放一毛玻璃屏，使激光束经透镜发出的球面波漫射成为扩展的面光源。眼睛在 E 处（见图 4.5.2）通过 P_1 向 M_1 方向看，便可直接看到等倾条纹。进一步调节 M_2 的微调螺钉，使上下左右移动眼睛时各圆的大小不变，而仅仅是圆心随眼睛移动而移动，并且干涉条纹反差大，此时 M 和 M' 完全平行了，我们看到的就是严格的等倾条纹。

移动 M_1 镜，观察条纹变化规律，并测波长，要求同[实验内容]1。

3. 等厚条纹的调节和观察

在[实验内容]2 的基础上，微微转动 M_2 的微调螺钉，此时 M_1 和 M_2' 不再平行，等倾条纹被破坏，放松刻度轮的止动螺钉，转动刻度轮，使 M_1 前后移动，观察干涉条纹的变化规律，即条纹的形状、粗细、疏密如何随 M_1 的位置而变，并简要分析所观察到的现象。

【注意事项】

（1）不可触及激光器两端的高压电极，不要让激光射入眼内。调节固定激光管圆环上的固定螺钉时，动作要轻，要上下螺丝配合调节，否则会损坏激光管。

（2）注意消除仪器的空程误差，转动刻度轮时，一定要放松止动螺钉。

（3）实验未全部完成，不要移动或破坏已调节好的部分。

【思考题】

（1）如何由等厚干涉的光程差公式 $\delta = 2d\cos i$ 来说明当 d 增大时，条纹由直变弯？（提示：当入射角 i 不大时，$\cos i = 1 - \dfrac{1}{2}i^2$）

（2）为什么不放补偿板就调不出白光干涉条纹？

（3）在非定域干涉中，如何由一个实的点光源产生两个虚的点光源？

实验 6　光电效应与普朗克常量的测定

金属在光的照射下释放电子的现象称为光电效应。光电效应是赫兹于 1887 年作电磁波实验时发现的，后来，又经勒纳德等人的反复实验，归纳出了光电效应的基本规律。对于光电效应现象，用经典的电磁理论无法作出解释。1905 年，爱因斯坦提出了光量子假说，圆满地解释了光电效应的基本规律。密立根又整整用了 10 年时间进行这方面的实验，终于，在 1916 年用精确的实验数据证实了爱因斯坦的光电方程，使光量子的理论得以确立。

光电效应揭示了光的粒子性，是开创量子力学的一个实验基础，在现代科学技术中有着广泛的应用。根据光电效应原理制成的光电管、光电倍增管、光电摄像管等在自动控制、电视等方面都有十分重要的应用。本实验用"遏止电压法"测量光电子的运能，从而验证爱因斯坦方程，并由此测量普朗克常量。

【实验目的】

（1）了解光的量子性。

（2）验证爱因斯坦方程，并测定普朗克常量。

【实验仪器】

GD-5 型普朗克常量测定仪、微电流测量仪、高压汞灯、干涉滤光片、光电管暗盒。

【实验原理】

1. 光电效应与爱因斯坦方程

我们知道，在光的照射下，电子从金属表面逸出的现象称为光电效应，所产生的电子称为光电子，光电效应的基本规律是：

① 在光谱成分不变的情况下，光电流的大小与入射光的强度成正比。

② 光电子的最大能量，随着入射光频率的增加而线性的增加，与入射光强度无关。

为了解释光电效应的基本规律，爱因斯坦依照普朗克的量子假设，提出了光子的概念。爱因斯坦认为光是以光速运动的粒子流，这些粒子称为光量子，简称光子。每一光子的能量为 $E=h\gamma$，h 是普朗克常量，γ 是频率，不同频率的光子具有不同的能量。根据这一理论，当金属中的电子吸收一个频率为 γ 的光子时，便获得这个光子的全部能量 $h\gamma$，能量的一部分消耗于电子从金属表面逸出时所需的逸出功 W，另一部分转换为光电子的动能 $\frac{1}{2}mv^2$，按照能量守恒定律有

$$h\gamma = \frac{1}{2}mv^2 + W \tag{4.6.1}$$

上式即为爱因斯坦方程，其中，m 和 v 是光电子的质量和速度；$\frac{1}{2}mv^2$ 是光电子从金属表面逸出时所具有的最大动能。

由式（4.6.1）可知，当光子能量 $h\gamma$ 小于逸出功 W 时，电子不能逸出金属表面，没有光电效应产生，因而没有光电流。即存在一截止频率 γ_0，只有入射光的频率 $\gamma < \gamma_0$ 时，才能产生光电效应及光电流。不同的金属逸出功 W 的数值不同，所以截止频率 γ_0 也不同，由式（4.6.1）还可以推论，光电子的能量取决于光子的频率 γ，光子频率越高，光电子能量越大。而光电子的数目多少，则决定于入射光的强度，即光强只影响光电子所形成光电流的大小。可见，爱因斯坦理论成功的解释了光电效应。

根据式（4.6.1），求出光电子能量随 γ 而变化的斜率，即可求得普朗克常量 h。

2. 爱因斯坦方程的验证方法及普朗克常量的测定

直接验证式（4.6.1）是困难的。实验中常用"遏止电压法"来验证爱因斯坦方程，实验原理如图 4.6.1 所示。K 为光电管的阴极，它由涂有钾等材料的金属膜做成，A 为阳极。当单色光照射到光电管的阴极 K 上时，就有光电子从阴极表面逸出。接通开关 K_1，当阳极 A

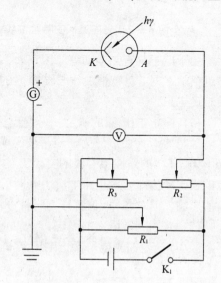

图 4.6.1　光电流 I_G 随 KA 极间电压 V 变化的特性实验线路图

加正电位、阴极 K 加负电位时，光电子就被加速；而当阴极 K 加正电位、阳极 A 加负电位时，光电子则被减速。因为光电子具有最大初动能，所以即使光电管不加电压，也会有光电子落到阳极上形成光电流 I_g。甚至阳极的电位低于阴极的电位时，也会有光电子落到阳极上形成光电流。直到阳极电位低于某一数值以后，所有光电子都不能达到阳极，光电子才为 0。继续降低阳极电位，还有微弱电流 I_A 经过检流计 G。这是由于阳极上沾染有光阴极的（易发射电子的）材料等所致。此外，在无光照射时，随 V 的增加也有微弱的电流流经检流计，这是室温下的冷发射，通常称之为暗电流 I_B。所以阴极上打出光电子的光电流是上述三项的代数和，即

$$I_G = I_g + (-I_A) + I_B$$

所以
$$I_g = I_G + I_A - I_B = (I_G + I_A) - I_B \tag{4.6.2}$$

式中，I_G 为实测的光电流。

因为 I_A、$I_B \ll I_g$，所以 $I_g \approx I_G$，因此，暂时可只管 I_G。频率为 γ_1 的光的 I_G-V 曲线的性状如图 4.6.2 中 abcdef 所示。

ab 段主要为阳极反向电流阶段，cd 段为光电流 I_G 的主升段，ef 段为饱和光电流段。I_G 在 ab 段的绝对值很小说明光电管的阳极上沾染的阴极材料很少。斜率小（包括饱和段 ef）说明管壁等处的沾染少、阻抗高，cd 段陡峭说明光电管阴极对 $h\gamma_1$ 的光敏感。

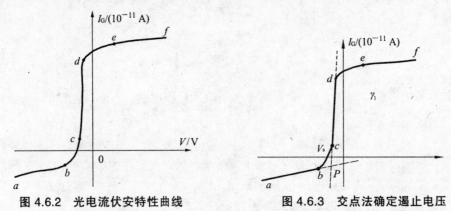

图 4.6.2　光电流伏安特性曲线　　　　图 4.6.3　交点法确定遏止电压

由于电子具有热运动等原因，bc、de 段一定是圆滑过渡的。特别是当 ab 段十分平坦且靠近横轴 V 时，I_G 特性曲线与横轴 V 的交点（想象其为使光电子动能为 0 的遏止电压 V_a）就很难确定。

（1）遏止电压 V_a 的确定——交点法。

理想的 I_g-V 曲线应为一矩形波的前半部分，实际曲线为 abcdef，所以，我们只能分别用 ab 段与 cd 段的线性拟合线的交点 P 作为光电流 I_g 正式开始上升的起点，如图 4.6.3 所示。P 点的横坐标值即为遏止光电流为 0 时的遏止电压 V_a。b、c、d 各点取于何处对所求出的值会有所影响，但对各种 γ 值都按同一种办法求 V_a 所得出的最后结果的 h 值差别会很小。

（2）普朗克常量 h 的测定。

频率 γ 一定的光电子遏止电压 V_a 确定以后，即可求得光电子的动能为

$$\frac{1}{2}mv_m^2 = e \times |V_a| \tag{4.6.3}$$

把（4.6.3）式代入（4.6.1）式得

$$h\gamma = e\,|V_a| + W$$

整理得

$$|V_a| = (h/e)\gamma + (W/e) \tag{4.6.4}$$

由式（4.6.4）可知，V_a 和 γ 成线性关系，即不同频率的入射光具有不同的遏止电压。实验时，改变入射光的频率 γ，测试相应的遏止电压 V_a，并且作出 V_a-γ 关系曲线。若得到的是一条直线，如图 4.6.4 所示，则爱因斯坦方程便得以验证。设所得直线的斜率为 k，则

$$K = h/e$$

即可求出普朗克常量为

$$h = ek \tag{4.6.5}$$

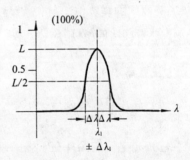

图 4.6.4　V_a-γ 图线

【仪器介绍】

GD-5 型普朗克常量测定仪包括以下 5 个部分：

1. 光　源

用 GHg-50 A 型高压汞灯做光源，光谱范围为 320.3～872.0 nm，可用谱线为 365.0 nm、404.7 nm、435.8 nm、546.1 nm 和 577.0 nm。灯罩前还可改变光阑来改变光通量。

2. 干涉滤光片

干涉滤光片是将汞光源的各分离谱线分成单色光的简便装置，运用它可获得远强于单色仪所输出的单色光，这样有利于光电流的测量。

干涉滤光片的主要指标是半宽度和透过率 ρ_λ。GHg-50A 型汞灯发出的可见光中，强度较大的谱线有 5 条，所以，仪器配以相应的 5 种干涉滤光片，其半宽度为 3 nm，底线平坦，接近于 0，如图 4.6.5 所示。滤光中心分别是 365.0 nm、

图 4.6.5　干涉滤光片特性曲线

404.7 nm、435.8 nm、546.1 nm 和 577.0 nm。所以完全可以把汞灯各谱线分离开来。GD-5 型普朗克常量测定仪将 5 种波长的滤光片分别安装在圆形转盘上。

3. 光电管暗盒

用于测 h 的专用光电管，其阴极材料主要是钾，暗电流约 10^{-12} A，反向饱和电流与正向饱和电流之比 J 小于 5/1 000。

在光源与暗盒间还配有遮挡杂散光的遮光罩，以消除环境光对实验的影响。

4. 数字式微电流测量仪

它是一种数字显示式微电流测试仪器，电流测量范围为 10^{-9}～10^{-12} A，分 4 挡选择，LED 显示电流值。

光阑的作用是配合微电流仪在不换挡的条件下把整条光电流曲线测量完。

5. 普朗克常量测定仪

GD-2 型普朗克常量测定仪提供光电管的工作电源：$-10.00 \sim +19.99$ V，连续可调。用 LED 数字表显示电压供给值（GD-4 型还增加有 80 mm 导轨，用于调节光电管暗盒与高压汞灯的距离）。

【实验内容】

验证爱因斯坦方程，测定普朗克常量。

（1）按图 4.6.1，用专用电缆将微电流测量仪输入接口与接收暗箱的输出接口连接起来，将接收暗盒的加速电压输入插座与 GD-2 型普朗克常量测定仪的加速电压输出端连接起来，将汞灯开启，充分预热（不少于 15 min）。

（2）旋转"调零"旋钮，在测量电路连接完毕、没有给测量信号时，调节调零电位器，使其显示"0000"。每换一次量程，必须重新调零。

（3）光电管暗盒不能进任何可见光，测量 I_B-V 关系曲线。I_B 若不十分小，则需按式（4.6.2）操作扣除，I_A 的扣除办法详见附件。

（4）除去遮光罩，装上波长为 404.7 nm 的滤光片，缓慢地调节加速电压旋钮，从 $V=-10$ V $\sim$ $+20$ V 通看一遍 I_G 值，然后测 I_G-V 曲线。bc、cd 以及 de 段实验点布密，ab 段稀，ef 段更稀。

（5）按步骤（4）分别测出波长为 435.8 nm、546.1 nm、577.0 nm 和 365.0 nm 的单色光的 I_G-V 曲线的实验值。

（6）利用所得数据按图 4.6.4 作关系曲线，按原理所述求出普朗克常量 h。

【注意事项】

（1）高压汞灯关闭后，不要立即开启电源，必须待灯丝冷却后再开启，否则会影响汞灯管寿命。

（2）光电管应保持在干燥的暗箱内，实验中也应尽量地减少光照。实验结束后，应及时关闭汞灯。

【思考题】

（1）爱因斯坦方程的内容是什么？它的物理意义是什么？

（2）从光电流特性曲线图中，你认为如何扣除阳极反向电流为好？

（3）通过本实验，对光的量子特性有了哪些深刻的认识？

附件

1. 阳极反向电流 I_A 的计算与扣除办法

既然阳极反向电流产生的原因是阳极上沾染了少量的阴极元素等光电子材料，就可以按照如图 4.6.2 所实测的 I_G-V 曲线，计算出 ba 段的平均值 $\overline{I_G^{ab}}$，以及与 ΔV_{ab} 等间距的 ΔV_{ef} 的平均值 $\overline{I_G^{ef}}$，按前述 J 的定义，于是有

$$J = (\overline{I_G^{ef}})/(\overline{I_G^{ba}}) \tag{4.6.6}$$

得出 J 值后，将图 4.6.2 的纵坐标缩小 J 倍，再将其以原点 O 作映射变换，即为阳极反向电流 I_A 的第一极近似修正曲线，如图 4.6.6 所示。

与图 4.6.2 各 V 值相对应，逐点扣除 I_A 即为对阳极反向电流作出了修正。

2. 暗电流 I_B

暗电流 I_B 是指无（可见）光照下流经光阴极的电子流，它的形成分两方面：

① 宇宙间的 γ 射线等打在光阴极上形成的光电子。

② 整个光电管 A、K 极间像一个高阻值的电阻元件（生产光电管时玻璃壳内电极间沾染了少量的导电元素）。在 A，K 极间有电压变化当然就有很小的欧姆电流了。暗电流的曲线性质和状况如图 4.6.7 所示，在 ωx 段和 yz 段各有一斜线，两斜线间略有错位，在 xy 段略有上升的波折。

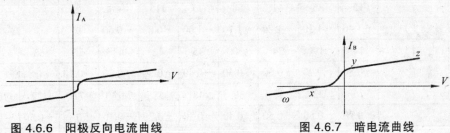

图 4.6.6　阳极反向电流曲线　　　　图 4.6.7　暗电流曲线

在作智能光电效应实验仪或用微电脑自动控制的光电效应时，可将 ωx 两点直接连线以作修正。

3. GD-2 型普朗克常量测定仪接线示意图（见图 4.6.8）

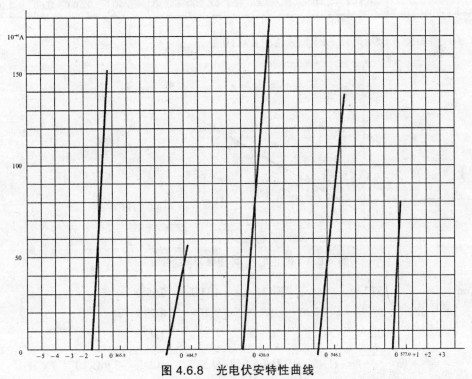

图 4.6.8　光电伏安特性曲线

【实例】

（1）暗电流 $I_B < 1 \times 10^{-10}$ A（$-10 \sim +20$ V 内共变化 8×10^{-11} A）。

（2）汞的 5 条较强的特征光谱照射下的光电伏安特性测试数据如下表所示。（浮动 0 点，即电压 $V = -10.0$ V 时 I 调至 "0" $\times 10^{-10}$ A，不作各种修正，因此也可不作至饱和区。）

λ/nm	$I/\times 10^{-10}$ A	1	2	3	4	5	6	7	8	9	10
365.0		1.68	1.62	1.59	1.56	1.53	1.51	1.50	1.48	1.47	1.46
404.7		1.22	1.15	1.12	1.07	1.02	1.00	0.97	0.93	0.92	0.90
435.8	$-V$/V	1.00	0.97	0.95	0.92	0.90	0.87	0.86	0.85	0.82	0.80
546.1		0.54	0.50	0.46	0.45	0.43	0.41	0.39	0.37	0.36	0.34
577.0		1.0	0.50	0.39	0.37	0.29	0.29	0.27	0.25	0.22	0.19
365.0	I	15	26	41	58	76	115	160	328		
	V	-1.40	-1.30	-1.20	-1.10	-1.00	-0.80	-0.60	0		
404.7	I	14	19	24	30	35	42	48	55	63	
	V	-0.80	-0.70	-0.60	-0.50	-0.40	-0.30	-0.20	-0.10	0	
435.8	I	15	22	30	39	48	58	67	77	127	186
	V	-0.70	-0.60	-0.50	-0.40	-0.30	-0.20	-0.10	0	$+0.50$	$+1.00$
546.1	I	15	22	30	39	47	56	66	74	85	132
	V	-0.30	-0.20	-0.10	0	$+0.10$	$+0.20$	$+0.30$	$+0.40$	$+0.50$	$+1.00$
577.0	I	13	15	20	25	31	37	41	48	53	80
	V	-0.15	-0.10	0	$+0.10$	$+0.20$	$+0.30$	$+0.40$	$+0.50$	$+0.60$	$+1.00$

（3）I-V 图如图 4.6.9 所示，V_a-γ 图如图 4.6.10 所示。

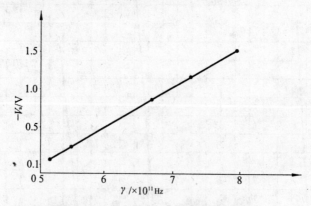

图 4.6.9　遏止电压 V_a 随频率 γ 的变化

λ (nm)	577.0	546.1	435.8	404.7	365.0
γ ($\times 10^{-14}$ Hz)	5.196	5.490	6.879	7.408	8.214
$-V_a$ (V)	0.27	0.42	0.90	1.10	1.47

$$\overline{(\Delta V / \Delta \gamma)} \approx -(1.47 - 0.27)/[(8.214 - 0.519\,6) \times 10^{14}] \approx -3.98 \times 10^{-15} \text{ (V/Hz)}$$

实验结果

$$h = \Delta V / \Delta \gamma = (-3.98 \times 10^{-15} \text{ V/Hz}) \times (-1.602 \times 10^{-19} C) = 6.38 \times 10^{-34} \quad (\text{J} \cdot \text{s})$$

相对百分误差为

$$\varepsilon = [(6.38 - 6.63) / 6.63] \times 100\% = -3.8\%$$

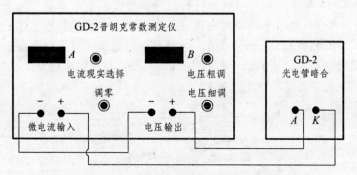

图 4.6.10　GD-2 型普朗克常量测定仪接线示意图

实验 7　夫兰克-赫兹实验

1913 年，丹麦物理学家玻尔（N. Bohr）在卢瑟福原子核模型的基础上，结合普朗克的量子理论，成功地解释了原子的稳定性和原子的线状光谱理论。1914 年，夫兰克（J. Frank）和赫兹（G. Hertz）用慢电子与稀薄气体原子碰撞的方法，使原子从低能级激发到较高能级，通过测量电子和原子碰撞时交换某一定值的能量，直接证明了原子内部量子化能级的存在，也证明了原子发生跃迁时吸收和发射的能量是完全确定的、不连续的，给玻尔的原子理论提供了直接的而且是独立于光谱研究方法的实验证据。由于此项卓越的成就，他俩获得了 1925 年的诺贝尔物理学奖。

【实验目的】

（1）通过测定氩原子的第一激发电位，证明原子能级的存在。
（2）分析温度、灯丝电流等因素对 F-H 实验曲线的影响。
（3）了解计算机实时测控系统的一般原理和使用方法。

【实验仪器】

夫兰克-赫兹实验仪、双踪示波器、微机等。

【实验原理】

根据玻尔理论，原子只能较长久地停留在一些稳定状态（即定态），其中每一状态对应于一定的能量值，各定态的能量是分立的，原子只能吸收或辐射相当于两定态间能量差的能量。如果处于基态的原子要发生状态改变，所具备的能量不能少于原子从基态跃迁到第一激发态时所需要的能量。夫兰克-赫兹实验通过具有一定能量的电子与原子碰撞进行能量交换而实现原子从基态到高能态的跃迁。

设氩原子的基态能量为 E_1，第一激发态的能量为 E_2，初速为零的电子在电位差为 V_0 的加速电场的作用下，获得能量为 eV_0，具有这种能量的电子与氩原子发生碰撞，当电子能量 $eV_0 < E_2 - E_1$ 时，电子与氩原子只能发生弹性碰撞，由于电子质量比氩原子质量小得多，电子能量损失很少。如果 $eV_0 \geqslant E_2 - E_1 = \Delta E$，则电子与氩原子会发生非弹性碰撞。氩原子从电子中获得能量 ΔE 而由基态跃迁到第一激发态，$eV_0 = \Delta E$。相应的电位差 V_0 即为氩原子的第一激发电位。夫兰克-赫兹实验原理如图 4.7.1 所示。

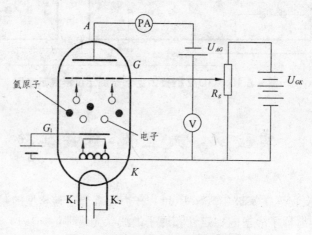

图 4.7.1　夫兰克-赫兹实验原理图

在充氩的夫兰克-赫兹管中，电子由热阴极发出，阴极 K 和栅极 G 之间的加速电压 V_{GK} 使电子加速。在板极 A 和栅极 G 之间加有减速电压 V_{AG}，管内电位分布如图 4.7.2 所示，当电子通过 KG 空间进入 GA 空间时，如果能量大于 eV_{AG} 就能达到板极形成板流。电子在 KG 空间与氩原子发生了非弹性碰撞后，电子本身剩余的能量小于 eV_{AG}，则电子不能到达板极，板极电流将会随栅极电压增加而减少。实验时使 V_{GK} 逐渐增加，仔细观察板极电压的变化我们将观察到如图 4.7.3 所示的 I_A-V_{GK} 曲线。

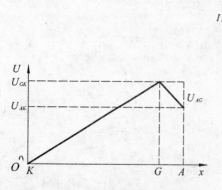

图 4.7.2　夫兰克-赫兹管管内电位分布

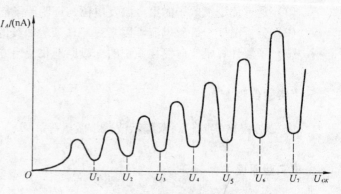

图 4.7.3　夫兰克-赫兹管的 I_A-V_{GK} 曲线

152

随着 V_{GK} 的增加，电子能量增加，当电子与氩原子碰撞后还留下足够的能量可以克服 GA 空间的减速场而到达板极 A 时，板极电流又开始上升。如果电子在 KG 空间得到的能量 $eV_0=2\Delta E$ 时，电子在 KG 空间会因二次弹性碰撞而失去能量，而造成第二次板极电流下降。

在 V_{GK} 较高的情况下，电子在跑向栅极的路程中，将与氩原子发生多次非弹性碰撞，只要 $V_{GK}=nV_0$（$n=1$，2，$\cdots$），就会发生这种碰撞。在 I_A-V_{GK} 曲线上将出现多次下降。对于氩原子，曲线上相邻两峰（或谷）对应的 V_{GK} 之差，即为其原子的第一激发电位。

如果氩原子从第一激发态又跃迁到基态，这就应当有相同的能量以光的形式放出，其波长可以计算出来：$h\upsilon=eV_0$ 实验中确实能观察到这些波长的谱线。

如果夫兰克-赫兹管中充以其他元素，则可以得到它们的第一激发电位。表 4.7.1 示出了几种元素的第一激发电位。

表 4.7.1　几种元素的第一激发电位

元素	钠（Na）	钾（K）	锂（Li）	镁（Mg）	汞（Hg）	氦（He）	氖（Ne）
U_0/V	2.12	1.63	1.84	3.2	4.9	21.2	18.6
λ/Å	5 898 5 896	7 664 7 699	6 707.8	4 571	2 500	584.3	640.2

【仪器介绍】

1. WS-FHZ 智能夫兰克-赫兹实验仪简介

一般的夫兰克-赫兹管是在圆柱状玻璃管壳中沿径向或轴向依次安装加热灯丝、阴极 K、网状栅极 G 及板极 A，有的在阴极 K 和栅极 G 之间还安装有第一阳极 G_1。将管内抽取至高真空后，充入高纯氩或其他元素。

WS-FHZ 智能夫兰克-赫兹实验仪基本结构如图 4.7.4 所示。

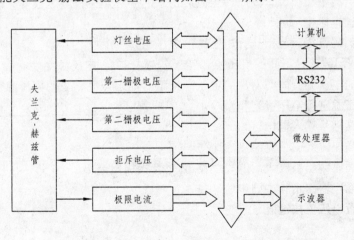

图 4.7.4　WS-FHZ 智能夫兰克-赫兹实验仪结构示意图

夫兰克-赫兹管的灯丝电压、第一栅极电压、拒斥电压、第二栅极电压等由程控直流稳压电源提供，既可由实验仪面板手动设定，也可由计算机控制。

程控直流微电流表测量板极电流，测量范围为 $1 \mu A \sim 1 mA$，共有四挡，测量数据可从实验仪面板读出，同时可以自动传送给计算机。

2. WS-FHZ 智能夫兰克-赫兹实验仪前面板功能说明 （见图 4.7.5）

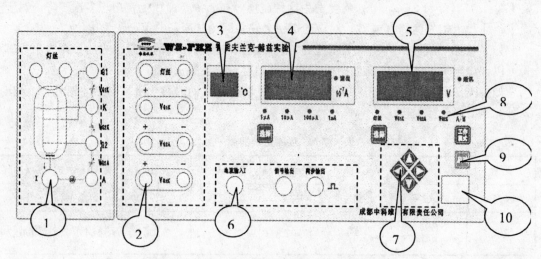

图 4.7.5　WS-FHZ 型夫兰克-赫兹实验仪前面板

区①是夫兰克-赫兹管各输入电压连接插孔和板极电流输出插座。

区②是夫兰克-赫兹管所需激励电压的输出连接插孔，其中左侧输出为正极，右侧为负极。

区③是温度显示。

区④是测试电流指示区：

四位七段数码管指示电流值。

用一个[选择]键选择不同的电流量程挡。按一次[选择]键，变换电流量程挡一次，设有指示灯指示当前电流量程挡位，同时对应电流指示的小数点位置随之改变，表明量程已变换。

区⑤是测试电压指示区：

四位七段数码管指示当前选择电压源的电压值。

用一个[选择]键选择不同的电压源。按一次[选择]键，电压源变换一次，设有选择指示灯指示当前选择的电压源，同时对应的电压源指示灯随之点亮，表明电压源变换选择已完成，可对选择的电压源进行电压设定和修改。

区⑥是测试信号输入输出区：

电流输入插座输入夫兰克-赫兹管板极电流。

信号输出插座输出被放大后的夫兰克-赫兹管板极电流 $V_{p-p} \leqslant 4 V$

同步输出插座输出正脉冲同步信号。

区⑦是设置电压值按键区：

改变当前电压源电压设定值。

自动测试完成后，设置查询电压点。

按下左/右键，循环移动当前电压值的设置位，选取的位闪烁，提示目前在设置的电压位置。按下增/减键，电压值在当前设置位递增/递减一个增量单位。

注意：灯丝电压 V_F、V_{G1K}、V_{G2A} 的电压值的最小变化值是 0.1 V；电压源 V_{G2K} 的电压值的最小变化值是 0.5 V，自动测试查询时是 0.2 V。

如果当前电压值加上一个单位电压值后的和值超过了允许输出的最大电压值，再按下↑键，电压值只能设置为该电压的最大允许电压值；如果当前电压值减去一个单位电压值后的差值小于零，再按下↓键，电压值只能设置为零。

区⑧是工作状态指示键：左边红灯亮，表示自动扫描；左边绿灯亮，表示手动扫描。

区⑨为启动键：

通信指示灯指示实验仪与计算机的通信状态。

启动按键与工作方式按键共同完成多种操作，见相关详细说明。

区⑩为电源开关。

3. WS-FHZ 智能夫兰克-赫兹实验仪后面板功能说明

智能夫兰克-赫兹实验仪后面板上有交流电源插座，插座上自带有保险管座。如果实验仪已升级为微机型，则通信插座可连计算机，否则该插座不可使用。

4. WS-FHZ 智能夫兰克-赫兹实验仪连线（见图4.7.6）

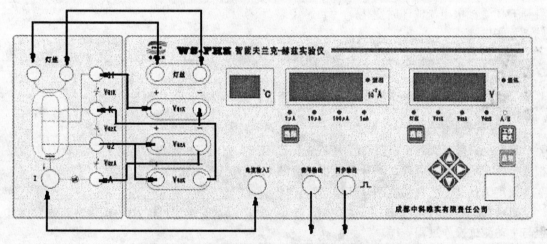

图 4.7.6　WS-FHZ 智能夫兰克-赫兹实验仪连线

5. WS-FHZ 智能夫兰克-赫兹实验仪基本操作

1）开机后的初始状态

开机后，实验仪面板状态显示如下：

实验仪的"10 μA"电流挡位指示灯亮，表明此时电流的量程为 10 μA 挡；电流显示值为 00.00；

实验仪"灯丝电压"挡位指示灯亮，表明此时修改的电压为灯丝电压；电压显示值为 000.0 V；最后一位在闪动，表明现在修改位为最后一位。

"手动"绿指示灯亮，表明此时实验操作方式为手动操作。

2）手动测试

认真阅读实验教程，理解实验内容。

正确连接区①、区②及区⑥之间的连接线。检查连线连接，确认无误后按下电源开关，开启实验仪。

检查开机状态。设定电流量程。

用区④选择键设定适当电流挡（一般设 10 μA 或 100 μA 挡）

设定电压源电压值。

利用区⑤选择灯丝电压，利用区⑦按键设定灯丝电压为 2 V，预热两分钟。需设定的电压源有为灯丝电压 V_F、V_{G1K}、V_{G2A}，设定状态参见建议的工作状态范围和随机提供的工作条件。

设定工作状态为手动状态（绿灯亮）。

测试操作与数据记录：

测试操作过程中每改变一次电压源 V_{G2K} 的电压值，F-H 管板极电流值随之改变，扫描电压可增至 100 V。此时记录下区④显示的电流值和区⑤显示的电压值数据，以及环境条件，待实验完成后，进行实验数据分析。

示波器显示输出：

测试电流可通过示波器进行显示观测。将区⑥的"信号输出"和"同步输出"分别连接在示波器的信号通道和外信号通道，调节好示波器的同步状态和显示幅度，在示波器上即可看到 F-H 管板极电流的即时变化。

重新启动：

在手动测试的过程中，按下区⑨启动按键，V_{G2K} 的电压值将被设置为零，内部存储的测试数据被清除，示波器上显示的波形被清除，但 V_F、V_{G1K}、V_{G2A}、电流挡位等的状态不发生改变。这时，操作者可在该状态下重新进行测试，或修改后再进行测试。

3）自动测试

自动测试时，实验仪将自动产生 V_{G2K} 扫描电压，完成整个测试过程。将示波器与实验仪相连接，在示波器上可看到 F-H 管板极电流随 V_{G2K} 的电压变化的波形。

设定工作状态为自动状态（红灯亮）。

自动测试时，V_F、V_{G1K}、V_{G2A} 及电流挡位等状态设置的操作过程及 F-H 管的连线操作过程与手动测试操作过程一样。

如要通过示波器观察自动测试过程，可将区⑥的"信号输出"和"同步输出"分别连接到示波器的信号通道和外同步通道，调节好示波器的同步状态和显示幅度。建议工作状态和手动测试情况下相同。

V_{G2K} 扫描终止电压设定：

进行自动测试时，实验仪将自动产生 V_{G2K} 扫描电压。实验仪默认 V_{G2K} 扫描电压的初始值为零，V_{G2K} 扫描电压大约每 0.4 s 递增 0.2 V，直到扫描终止电压。

在自动测试状态下，当前设置的 V_{G2K} 电压值即是扫描终止电压。要进行自动测试，必须

设置电压 V_{G2K} 的扫描终止电压。V_{G2K} 设定终止值建议不超过 80 V 为好。

自动测试启动：

自动测试状态设置完成后，在启动自动测试过程前应检查 V_F、V_{G1K}、V_{G2A} 及 V_{G2K} 的电压设定值是否正确，电流量程选择是否合理，自动测试指示灯是否正确指示。如果有不正确的项目，请重新设置。

如果所有设置都是正确、合理的，将区④的电压源选择为 V_{G2K}，再按面板上区⑦的"启动"键自动测试开始。

在自动测试过程中，可通过面板的电压指示区（区⑤）、测试电流指示区（区⑥）观察扫描电压 V_{G2K} 与 F-H 管板极电流的相关变化情况。

如果连接了示波器，可通过示波器观察扫描电压 V_{G2K} 与 F-H 管板极电流的相关变化的输出波形。

在自动测试过程中，为了避免面板按键误操作导致自动测试失败，面板上除"手动/自动"按键外的所有按键都被屏蔽禁止。

中断自动测试过程：

在自动测试过程中，只要按下"手动/自动"键，手动测试指示灯亮，实验仪就中断了自动测试过程，回复到手动状态，所有按键都被再次开启工作。这时可进行下次的测试准备工作。

本次测试的数据依然保留在实验仪主机的存储器中，直到下次测试开始时才被清除。所以，示波器仍可观测到部分波形。

自动测试过程正常结束：

当扫描电压 V_{G2K} 的电压值到达设定的测试终止电压值后，实验仪自动结束本次自动测试过程，进入数据查询工作状态。

自动测试后的数据查询：

自动测试过程正常结束后，实验仪进入数据查询工作状态。这时面板按键除区④部分还被禁止外，其他都已开启。区⑤的各电压源选择键可选择各电压源的电压值指示，其中，V_F、V_{G1K}、V_{G2A} 三电压源只能显示原设定的电压值，不能通过区⑦的按键改变相应的电压值。

改变电压源 V_{G2K} 的指示值就可查阅到在本次测试过程中电压源 V_{G2K} 的扫描电压值为当前显示值时，对应的 F-H 管板极电流值的大小，该数值显示于区④的电流指示表上。

结束查询过程，回复初始状态。

当需要结束查询过程时，只要按下区⑦的"手动/自动"键，区⑦的手动测试指示灯亮，查询过程结束，面板按键再次全部开启。原设置的电压状态被清除，实验仪存储的测试数据被清除，实验仪回复到初始状态。

继续自动测试：

自动测试过程正常结束进入数据查询工作状态后，在不改变 V_F、V_{G1K}、V_{G2A} 及电流挡位等状态设置的情况下，重新设置电压 V_{G2K} 的扫描终止电压后，执行步骤③以后的操作可进行下一次自动测试过程。

4）示波器显示输出

测试电流可通过示波器进行显示观测。将"信号输出"和"同步输出"分别连接到示波器的相关信号输入通道，用"同步输出"信号作为示波器的扫描同步信号，调节好示波器的同步状态和显示幅度。可同步观察到夫兰克-赫兹管的伏-安特性曲线。

计算夫兰克曲线能级电压，使用示波器计算夫兰克曲线能级电压的公式

$$V_{\text{p-p}} = \frac{T_s}{3.617} \times \Delta V$$

式中，$V_{\text{p-p}}$ 为夫兰克的能级电压，在示波器上夫兰克曲线相邻峰与峰之间的电压，此电压叫夫兰克能级电压；T_s 为示波器读出的夫兰克曲线的相邻峰与峰之间的时间，单位使用μs 表示；3.617 为仪器扫描读出每一个地址的时间，单位为μs，$T_s/3.167$ 为夫兰克曲线（相邻峰与峰）之间的地址数；ΔV 为测量时 V_{G2K} 每步的电压增量，单位为 V，自动测量 ΔV 固定为 0.2 V。

例如：示波器读出的相邻峰-峰之间的时间 $T_s = 204.36$ μs，ΔV 选自动 0.2 V 的电压增量，根据公式

$$V_{\text{p-p}} = \frac{204.36}{3.617} \times 0.2 = 11.31$$

即从示波器读出并计算出夫兰克曲线的能级电压为 11.31 V。

5）建议工作状态范围

注意，F-H 管很容易因电压设置不合适而遭到损害，所以一定要按照规定的实验步骤和适当的状态进行实验。

电流量程：1 μA 或 10 μA 挡

灯丝电源电压：3～4.5 V

V_{G1K} 电压：1～3 V

V_{G2A} 电压：5～7 V

V_{G2K} 电压：≤80.0 V

由于 F-H 管的离散性以及使用中的衰老，一只 F-H 管的最佳工作状态是不同的，具体的 F-H 管应在上述范围内找出其较理想的工作状态。

【实验内容】

按照实验仪器使用说明进行实验测量相应数据并记录。如实验所用仪器为其他型号仪器则按照相应的实验仪器说明上的要求及步骤进行实验。

【数据记录及处理】

对数据进行处理，并计算出对应的能级电压。

【思考题】

（1）灯丝电压的改变对夫兰克-赫兹实验有何影响？

（2）拒斥电压和第一栅极电压的改变对夫兰克-赫兹实验有何影响？

（3）你从夫兰克-赫兹实验的构想和设计中受到什么启示？

（4）你对利用最小二乘法处理夫兰克-赫兹实验数据有什么联想？对于使用最小二乘法有什么体会？

实验 8　密立根油滴实验

电子电量是物理学的基本常数之一，为了证实基本电荷的存在，最好的方法是直接测出电子电量值。美国物理学家密立根（R. A. milikan）用实验的方法测定了电子电量值，证实了基本电荷的存在，同时证明了物体带电的不连续性。由于密立根油滴实验设计巧妙，测量结果准确，一直被公认为是实验物理学的光辉典范。密立根由于这一杰出的工作及在研究光电效应方面作出的贡献荣获了 1923 年度诺贝尔物理学奖。

【实验目的】

（1）学习测量元电荷的方法。
（2）验证电荷的量子化。

【实验仪器】

HLD-MOD-Ⅸ型密立根油滴仪。

【仪器介绍】

1. 油滴盒

油滴盒是油滴仪的重要器件，机械加工要求很高，其结构如图 4.8.1 所示。

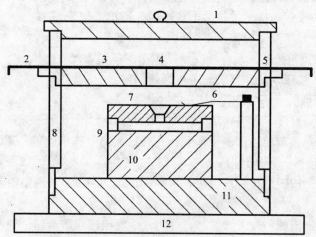

图 4.8.1　油滴盒

1—上盖板；2—油雾孔开关；3—油雾室；4—油雾孔；5—喷雾口；6—上电极板压簧；7—上电极板；
8—防风罩；9—胶木圆环；10—下电极板；11—油滴盒基座；12—底板

油滴盒防风罩前装有测量显微镜，如图 4.8.1 所示，通过胶木圆环上的观察孔观察平行极板间的油滴。显示屏上装有分划板，其总刻度在视场中相当于 0.2 cm，用以测量油滴运动的距离 L。分划板中间的横向刻度尺是用来测量布朗运动的。

2. 仪器面板结构（见图 4.8.2）。

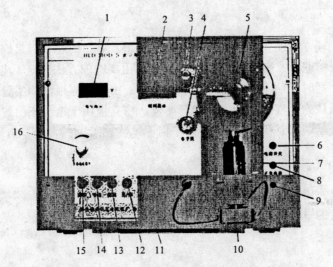

图 4.8.2　Ⅸ型油滴仪面板俯视图

1——电压显示（电压表）：显示上下电极板间的实际电压。

2——时间显示（秒表）：显示被测量油滴下降的时间。

3——视频输出插座：在本机配用 CCD 摄像头时用，输出至监视器，监视器阻抗选择开关拨至 75 Ω处。

4——水准泡：调节仪器底部两只调平螺丝，使水泡处于中间，此时平行板处于水平位置。

5——油雾室和照明灯室：内置永久性照明灯，可照亮油雾室中的油滴供显微镜观察。

6——电源开关按钮：按下按钮，电源接通，整机工作。

7——显微镜：显示油滴成像，可配用 CCD 摄像头。

8——"正负电荷"按钮：改变油滴所带电荷的类型。

9——"复位"按钮：使计算机与主机通信同步。

10——CCD 摄像头：采集图像用。

11——"清零"按键：秒表显示"00.0"s。

12——"计/停"按键：当油滴下落到预定开始距离时按下此键，开始计时；到达预定结束距离时，再按下该键，停止计时。

13——"测量"按键：按下该键时，极板间电压为 0 V，被测量油滴处于被测量阶段，匀速下落。

14——"平衡"按键：按下该键时，可用"平衡电压调节旋钮"调节平衡电压，使被测量油滴处于平衡状态。

15——"提升"按键：按下该键时，上下电极在平衡电压的基础上自动增加 DC 200～300 V 的提升电压。

16 ——平衡电压调节旋钮：可调节"平衡"按键时的极板间电压，调节电压 DC 0～500 V 左右。

3. 实验软件界面及说明

图 4.8.3 所示界面是在计算机屏幕上实时显示油滴下落的情况。用鼠标点击界面右下角有相关操纵按钮，具有和在油滴仪仪器主机面板上操纵同名按键相同的功能。此外，界面右边还有调节屏幕图像的"亮度"、"对比度"、"(色)饱和度"及输入环境温度（计算公式与环境温度有关）的滚动条，实验时可根据实际情况进行设定。在计算机界面上还设有对实验结果进行计算的按钮，一次测量完毕后，按下计算按钮，屏幕即可显示出实验的测量结果和误差。

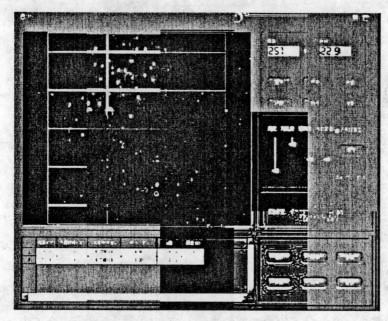

图 4.8.3　油滴下落显示界面

【实验原理】

1. 动态（非平衡）测量法测油滴电荷

一个质量为 m、带电量为 q 的油滴处在两块平行板之间，平行板水平放置。平行板未加电压时，油滴受重力作用（忽略空气的浮力）而加速下降，由于空气阻力的作用，下降一段距离后，油滴将做匀速运动，速度为 v_g，这时重力与阻力平衡，如图 4.8.4 所示。根据斯托克斯定律，黏滞阻力为 $f_r = 6\pi a\eta v_g$（η 是空气的黏滞系数，a 是油滴半径），这时有

$$6\pi a\eta v_g = mg \tag{4.8.1}$$

当在平行板上加电压 U 时，油滴处在场强为 E 的静电场中，设

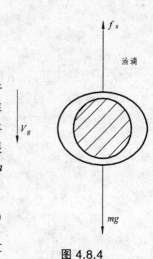

图 4.8.4

161

电场力 qE 与重力方向相反，如图 4.8.5 所示，使油滴受电场力作用加速上升，由于空气阻力作用，上升一段距离后，油滴所受的电场力、重力和空气阻力达到平衡（忽略空气浮力），油滴将匀速上升，此时速度为 v_e，则有

$$qE = 6\pi a\eta v_e + mg \qquad (4.8.2)$$

其中 $\qquad\qquad E = U/d \qquad\qquad (4.8.3)$

由式（4.8.1）至式（4.8.3）可解得

$$q = mg\frac{d}{U}\left(\frac{v_g + v_e}{v_g}\right) \qquad (4.8.4)$$

由上式计算油滴所带电量 q，除应测出 U、d 和速度 v_e、v_g 外，还需知道油滴质量 m，由于空气中悬浮和表面张力作用，可把油滴看做圆球，其质量为

$$m = \frac{4}{3}\pi a^3 \rho \qquad (4.8.5)$$

式中，ρ 为油滴的密度。

实验时取油滴匀速下降和匀速上升的距离相等，均设为 l，测出油滴匀速下降的时间 t_g，匀速上升的时间 t_e，则

$$v_g = \frac{l}{t_g}, \quad v_e = \frac{l}{t_g} \qquad (4.8.6)$$

由式（4.8.1）和式（4.8.5）得油滴的半径为

$$a = \left(\frac{9\eta v_g}{2\rho g}\right)^{1/2} = \left(\frac{9\eta l}{2\rho g t_g}\right)^{1/2} \qquad (4.8.7)$$

考虑到油滴非常小，空气已不能看成连续媒质，空气的黏滞系数 η 应修正为

$$\eta^t = \frac{\eta}{1 + \dfrac{b}{pa}} \qquad (4.8.8)$$

式中，p 为空气压强；b 为修正系数，大小为 $6.17 \times 10^{-6}\,\mathrm{m \cdot cm}$（Hg）。将式(4.8.5)～(4.8.8) 代入式（4.8.4），可得

$$q = \frac{18\pi}{\sqrt{2\rho g}}\left[\frac{\eta l}{1 + \dfrac{b}{pa}}\right]^{3/2}\frac{d}{U}\left(\frac{1}{t_e} + \frac{1}{t_g}\right)^{1/2}$$

令 $\qquad\qquad K = \dfrac{18\pi}{\sqrt{2\rho g}}\left[\dfrac{\eta l}{1 + \dfrac{b}{pa}}\right]^{3/2} \cdot d \qquad (4.8.9)$

162

得
$$q = K\left(\frac{1}{t_e} + \frac{1}{t_g}\right)\left(\frac{1}{t_g}\right)^{1/2} \cdot \frac{1}{U} \tag{4.8.10}$$

此式即是动态（非平衡）法测油滴电荷的计算公式。

2. 静态（平衡）测量法测油滴电荷

调节平行板间的电压，使油滴不动，$v_e = 0$，即 $\frac{1}{t_g} = 0$，由式（4.8.10）可得静态法测油滴电荷的计算公式

$$q = K\left(\frac{1}{t_g}\right)^{3/2} \cdot \frac{1}{U} \tag{4.8.11}$$

即
$$q = \frac{18\pi}{\sqrt{2\rho g}}\left[\frac{\eta l}{t_g\left(1 + \frac{b}{pa}\right)}\right]^{3/2} \cdot \frac{d}{U} \tag{4.8.12}$$

3. 求电子电荷 e

为了求电子的电荷 e，对实验测得的各个电荷 q 求最大公约数，就是基本电荷 e 的值。也可测同一油滴所带电荷的改变量，可用紫外线或放射源照射油滴，使其电荷改变，这时同一油滴所带电荷的改变量应近似为某一最小单位的整倍数，此最小单位即基本电荷 e。

【实验内容】

1. 静态（平衡）测量法测油滴电荷

① 打开电源，整机开始预热，预热时间不少于 10 min。

② 调节仪器底部左右 2 只调平螺栓，使水泡指示水平。

③ 按"清零"键，使计时秒表清零。

④ 按下"平衡"按键，调节电压在 200 V 左右，向油雾室中喷入油雾，打开油雾孔开关，油滴从上电极板中间直径 0.4 mm 的小孔落入电场中。

⑤ 通过调节"平衡电压调节旋钮"驱走不需要的油滴，直到剩下几颗缓慢运动、大小适中的油滴为止，选择其中一颗，仔细调节平衡电压，使油滴静止不动。

⑥ 通过按"提升"按键把油滴提升到显示屏最上端，再按下"测量"键，使油滴开始下降。

⑦ 当油滴转为匀速运动时（正常须在按下"测量"键 1 s 后），可根据需要按下"计/停"按键计时。

⑧ 通过按"计/停"键，测量油滴下落为 2 mm（在刻度板为 4 大格）的距离所经过的时间。停止计时并立即按"平衡"键或"提升"键，以免油滴逃逸出本电场，此时完成一颗油滴的测量，"秒表"上的时间为油滴在 2 mm 距离匀速运动的时间。

⑨ 如此反复测量多个不同油滴，得到该实验所需多组数据。

⑩ 按公式对实验测量数据进行数据处理。

2. 动态（非平衡）测量法测油滴电荷

平行极板加电压 $U = 400\,V$（注意整个实验过程中保持不变），使油滴受静电力的作用加速上升，但是由于空气阻力作用，上升一小段距离达到某一速度 v_e 后，空气阻力、重力、静电力达到平衡（空气浮力忽略不计），油滴将以速度 v_e 匀速上升。当去掉平行极板上的电压 U 后，油滴受到重力作用而加速下降，当空气阻力和重力平衡时，油滴将以速度 v_g 匀速下降。实验时油滴匀速上升和下降的距离相等，测出油滴匀速上升和下降的时间 t_e 和 t_g（t_g 可以适当减少测量次数），可以计算出油滴所带的电量。

【数据记录及处理】

1. 静态（平衡）测量法

仪器相关参数见表 4.8.1。

表 4.8.1　实验仪器参数

油的密度	$\rho = 981\,kg \cdot m^{-3}$
重力加速度	$g = 9.80\,m \cdot s^{-2}$
空气黏滞系数	$\eta = 1.83 \times 10^{-5}\,kg \cdot m^{-1} \cdot s^{-1}$
油滴匀速下降距离	$l = 2.00 \times 10^{-3}\,m$
修正常数	$b = 6.17 \times 10^{-6}\,m \cdot cm\,(Hg)$
大气压强	$P = 76.0\,cm\,(Hg)$
平行极板间距离	$d = 5.00 \times 10^{-3}\,m$

分别代入式（4.8.12）、（4.8.7）、（4.8.5），得到
油滴带电量

$$q = \frac{1.43 \times 10^{-14}}{U[t_g(1 + 0.02\sqrt{t_g})]^{3/2}}\,C \qquad (4.8.13)$$

油滴半径

$$a = \frac{4.15 \times 10^{-6}}{[t_g(1 + 0.02\sqrt{t_g})]^{1/2}}\,m \qquad (4.8.14)$$

油滴质量

$$m = \frac{4}{3}\pi a^3 \rho = 4.09 \times 10^{-3} \times a^3\,kg \qquad (4.8.15)$$

列表格见表 4.8.2（或自拟表格）。

表 4.8.2

序号	U/V	t_g/s	$q/10^{-19}$C	$n/个$	$e/10^{-19}$C	$a/10^{-7}$m	$m/10^{-15}$kg	$\bar{e}$	$E/\%$
1									
2									
3									
4									
5									
6									
7									
8									
9									
10									
11									
12									

2. 动态（非平衡）测量法

将表（4.8.1）中参数代入式（4.8.9）、（4.8.10），可得

$$K = \frac{1.43\times10^{-14}}{[1+0.02\sqrt{t_g}]^{3/2}} \quad (\text{kg} \cdot \text{m}^2 \cdot \text{s}^{-2}) \tag{4.8.16}$$

$$e = \frac{q}{n} = \frac{K(t_e + t_g)}{n t_e t_g U \sqrt{t_g}} \tag{4.8.17}$$

$$e = \frac{q_i}{i} = \frac{K(t_{e'} - t_g)}{i t_{e'} t_g U \sqrt{t_g}} \tag{4.8.18}$$

式中，t_e 和 $t_{e'}$ 分别为油滴改变带电量前后的匀速上升时间；t_g 为油滴匀速下降的时间；i 为油滴所带电子的改变数。

列表格见表 4.8.3、表 4.8.4（或自拟表格）：

表 4.8.3

序号	t_g	$1/t_g$	t_e	$1/t_e$	i	n
1					—	
2						
3						
4						
5						
6						

表 4.8.4

序号	$K/\text{kg} \cdot \text{m}^2 \cdot \text{s}^{-2}$	$\dfrac{1}{U\sqrt{t_g}}$	$\dfrac{1}{t_c}+\dfrac{1}{t_g}$	e	$\dfrac{1}{t_c}-\dfrac{1}{t_c'}$	e	$\overline{e}$	$E/\%$
1					—	—		
2								
3								
4								
5								
6								

【注意事项】

(1) 在实验过程中，严禁打开防风罩，内有高压，以防触电。

(2) 喷油时喷雾器内的油不可装得太满，否则会喷出很多"油"而不是"油雾"，堵塞电极的落油孔。每次实验完毕应及时擦拭油雾室内的积油。

(3) 喷油时喷雾器的喷头不要深入喷油孔内，防止大颗粒油滴堵塞落油孔。

(4) 喷雾器的气囊不耐油，实验后，将气囊与金属件分离保管，可延长使用寿命。

【思考题】

(1) 对实验结果造成影响的主要因素有哪些？

(2) 如何判断油滴盒内平衡极板是否水平？若不水平对实验结果有何影响？

(3) 用 CCD 成像系统观测油滴比直接从显微镜中观测有何优点？

(4) 为什么必须使油滴做匀速运动或静止？实验中如何保证油滴在测量范围内作匀速运动？

(5) 为什么向电容器喷雾时，一定要使电容器二极板短路？

(6) 怎样区别油滴上电荷的改变和测量时间的误差？

(7) 如果电场作用力仅使油滴速度改变，而未能改变方向，那么结果应如何处理？

第5章 设计性实验

概 述

大学物理实验教学中安排设计性实验，以便进行有关实验设计的训练。设计性实验难度大、方法活，又不便于统一指导，因而在设计性实验教学阶段，学生要有更高的自觉性与主动性。

一、设计性实验的性质与任务

1. 科学实验的全过程

科学实验的全过程可用一个简要的方框图加以说明，如图 5.0.1 所示。

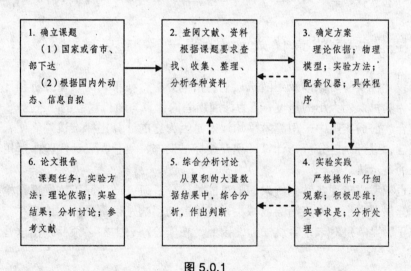

图 5.0.1

图中实线箭头表示相继进行的各个环节，虚线箭头表示反馈和修正。任何科学实验过程都得经过实践—反馈—修正—实践……多次反复，并在多次反复的过程中不断地加以完善。

常规的实验教学，主要是进行方框 4 和 5 各个环节，基本上属于继承和接受前人知识、技能，重复前人工作的范畴，这是科学实验入门的基础训练。一般来说，这类实验已经过长期教学实践的考验，都比较成熟，不论在实验原理、实验方法、仪器配套、内容取舍、现象观察和数据控制等方面都具有基础性、典型性和继承性的意义。

2. 设计性实验的特点

从实验教学应"开发学生智能，培养与提高学生科学实验能力和素养"这一根本目标来看，在对学生进行一定数量基础实验训练后，对学生进行具有科学实验全过程训练性质的设计性实验教学是十分必要的。但由于多种条件的限制，如学生的基础知识不够雄厚，在指定一个实验题后，必须供给学生足够的提示内容；资金不充裕，仪器不能任意选购，只能在实验室现有的仪器范围内选择；误差分析理论知识不足，对测量结果误差评价难以完善；学时有限，不允许花费过多的时间等，故设计实验的题目，一般是由实验室提出，它带有一定的综合应用性质或部分设计性任务。因此，设计性实验是一种介于基本教学实验与实际科学实验之间的，具有对科学实验全过程进行初步训练特点的教学实验。

3. 完成设计性实验的三个阶段

第一阶段是提出设想阶段。在这一阶段，按指定的实验题目、要求与提示内容查阅参考资料，了解实验室所能提供的设备仪器，确定实验方法、装置仪器，拟出具体的实验方案，交教师审查，再修改。

第二阶段是进行实验，使设想趋于完善。动手进行实验并不断修改不合理的内容，使之完善，以达到实验测出合理的数据的目的。

第三阶段是书写实验报告阶段。它很类似真正的科学实验报告，应包括以下内容：引言（实验目的及概况）、实验方法描述、数据记录与数据处理及分析与结论等。

二、随机误差的最优表示法 —— 标准误差

在进行设计性实验时，涉及到随机误差的精确分析。在正式的误差分析和计算中都采用标准误差作为随机误差大小的量度，因为标准误差的计算与随机误差的正态分布（高斯分布）理论更加符合。前面实验中采用算术平均误差是因为它的计算比标准误差简便，适合初学者掌握误差概念，进行误差分析与计算。现介绍标准误差，便于在设计实验中运用，以全面掌握随机误差的表示法。

同时，也应考虑出现各种系统误差的可能性。分析研究产生原因，发现和检验系统误差的存在，估算误差大小，如何消除或减小系统误差的影响是很重要的。由于系统误差无法全部消除或修正，尤其是对未定系统误差，因此，在实验结果中都必须反映出这些系统误差的影响。

三、实验方法和测量方法的选择

根据课题研究的对象，收集各种可能的实验方法资料，即根据一定的物理原理，分析被测量与可测量之间关系的各种可能方法。然后，对各种方法进行比较以确定能达到实验精确度、适用条件及实施的可能性好的为"最佳"实验方法，或选择其中几种分别进行实践后，再确定"最佳"方法。

例如"重力加速度的研究"，该课题可提供的实验方法有多种，如单摆法、复摆法、开

特摆法、自由落体法和气垫导轨法等。各种方法都有各自的优缺点，要分析各种方法可能引入的系统误差以及消除误差的办法，对所测物理量制订具体的测量方法与精度条件等，进行综合分析并加以比较，必要时还可进行初步实践，然后选择最佳实验方法。

实验方法选定后，为使各物理量测量结果的误差最小，需要进行误差来源及误差传递的分析，并结合可能提供的仪器，确定合适的具体测量方法。例如上述"重力加速度研究"实验，若选用自由落体法做实验，则在时间测量方面，就有光电计时法、火花打点计时法和频闪照相法等多种具体测量法。

又如某课题研究中，要测量一个电源的输出电压，要求测量结果的相对误差 $E_r \leqslant 0.05\%$。给定条件是电压表 2.5 级，电位差计 0.5 级，可变标准电压源 0.01 级。

根据给定条件，按前面已学过的知识，可设想运用比较法 —— 直接与电压表比较或利用电位差计的补偿法测量。

若用电压表直接比较，由于 $E_r = \dfrac{\Delta U_x}{U_x} \geqslant 0.05\%$，则要求所

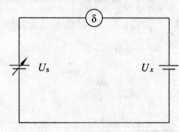

选用的电压表准确度等级为 0.05 级，而现有的电压表级别为 2.5 级，因此，无法达到课题要求。若改用电位差计来进行，同样要求其准确度等级为 0.05 级，对于这一要求也不能满足。

经查阅有关资料后，发现可以选择"微差法"（一种缩小的"放大"法）来进行测量。

图 5.0.2

"微差法"原理图如图 5.0.2 所示，利用标准可变电压源输出的电压 U_s 与 U_x 被测电压相差一微小差值 δ，然后对 δ 进行测量。

因为

$$U_x = U_s + \delta$$

所以

$$\Delta U_x = \Delta U_s + \Delta \delta \tag{5.0.1}$$

$$\frac{\Delta U_x}{U_x} = \frac{\Delta U_s}{U_x} + \frac{\Delta \delta}{U_x} = \frac{\Delta U_s}{U_x} + \frac{\delta}{U_x} \times \frac{\Delta \delta}{\delta}$$

由于 U_s 与 U_x 很接近，所以

$$\frac{\Delta U_x}{U_x} = \frac{\Delta U_s}{U_s} + \frac{\Delta \delta}{\delta} \tag{5.0.2}$$

由上式可知，差值 δ 越小，测量差值所引入的误差对测量结果的影响越小。为便于理解，用具体数值计算来说明。

现有 0.01 级的标准电压源 $\left(\dfrac{\Delta U_s}{U_s} \leqslant 0.01\% \right)$，若微差 δ 取为 $\delta = \dfrac{U_x}{100}$，则

$$\frac{\Delta \delta}{\delta} = \left(\frac{\Delta U_x}{U_x} - \frac{\Delta U_s}{U_s} \right) \frac{U_s}{\delta} = (0.05 - 0.01)\% \times 100 = 4\%$$

可见，利用这一方法只要求微差指示器的相对误差不超过 4%，就可以满足课题要求。

四、测量仪器与测量条件的选择

1. 测量仪器的选择

测量仪器选择时，一般须考虑分辨率、精确度、有效（实用）性及价格四个因素。由于后面两点受主观条件因素的影响较大，这里主要讨论前面两点。

（1）分辨率。可简述为仪器能够测量的最小值。

（2）精确度。以最大误差 $\Delta_{仪}$ 的标准误差 $\sigma_{仪} = \dfrac{\Delta_{仪}}{\sqrt{3}}$ 和各自的相对误差表征。

所以，一般就以课题要求的相对误差范围来确定对仪器的 $\sigma_{仪}$ 和 $\Delta_{仪}$ 数值大小的要求，进而决定究竟选用哪一种最合适的仪器或量具。

例如：要求测定某圆柱体的体积 V，相对误差 $E_V \leqslant 0.5\%$，试问应如何正确选用测量仪器？

直径为 D，高度为 h 的圆柱体的体积为

$$V = \frac{\pi}{4} D^2 h$$

该圆柱体的标准误差 σ_V

$$\sigma_V = \sqrt{\left(\frac{\partial V}{\partial D}\right)^2 \sigma_D^2 + \left(\frac{\partial V}{\partial h}\right)^2 \sigma_h^2} = \sqrt{\left(\frac{1}{2}\pi Dh\right)^2 \sigma_D^2 + \left(\frac{1}{4}\pi D^2\right)^2 \delta_h^2}$$

可分为下列几种情况讨论：

（1）当圆柱体的高度 h 远大于直径 D（即为圆棒或圆丝）。

因为 $h \gg D$，所以带有 σ_D^2 项的分误差对 σ_V 的影响远大于带有 σ_h^2 的分误差的影响，则

$$\sigma_V \approx \sqrt{\left(\frac{1}{2}\pi Dh\right)^2 \sigma_D^2}$$

$$E_V = \frac{\sigma_V}{V} \times 100\% = \frac{2\sigma_D}{D} \times 100\% \leqslant 0.5\%$$

当 $D \approx 10$ mm 时，要求 $\sigma_D \leqslant 0.025$ mm，$\Delta_{仪} = \sqrt{3}\sigma \leqslant 0.043$ mm。即要选用分度值为 $\dfrac{1}{50}$ mm 的游标卡尺。

（2）当圆柱体的直径 D 远大于高度 h（即为圆板）。

因为 $D \gg h$，类似的分析有

$$E_V = \frac{\sigma_V}{V} \times 100\% = \frac{\sigma_h}{h} \times 100\% \leqslant 0.5\%$$

当 $h \approx 10$ mm 时，要求 $\sigma_h \leqslant 0.05$ mm，$\Delta_{仪} = \sqrt{3}\sigma = 0.087$ mm。即要选用分度值为 $\dfrac{1}{20}$ mm 的游标卡尺。

（3）当 $h = \dfrac{D}{2}$ 时，

$$\frac{\sigma_V}{V} = \sqrt{4\frac{\sigma_D^2}{D^2} + \frac{\sigma_h^2}{h^2}} = \sqrt{\left(\frac{\sigma_D}{D/2}\right)^2 + \left(\frac{\sigma_h}{h}\right)^2}$$

此时，σ_D 与 σ_h 对 σ_V 的影响各半。

$$\frac{\sigma_h}{h} = \frac{1}{2}\frac{\sigma_V}{V} \leqslant 0.025\%$$

$$\left(\frac{\sigma_D}{D/2}\right) = \frac{1}{2} \cdot \frac{\sigma_V}{V} \leqslant 0.025\%$$

（4）当 $h=D$ 时，情况比较复杂，要具体分析。但一般处理时，仍可用"误差等作用原理"，即人为规定各分误差对总误差的影响都相同。

$$\left(4\frac{\sigma_D^2}{D^2}\right) = \frac{\sigma_h^2}{h^2} = \frac{1}{2} \cdot \frac{\sigma_V}{V} \leqslant 0.025\%$$

2. 测量条件的选择

确定测量的最有利条件，也就是确定在什么条件下进行测量引起的误差最小。这个条件可以由各自变量对误差函数求导数并令其为零而得到。对单元函数，只需求一阶和二阶导数，令一阶导数等于零，解出相应的变量表达式，代入二阶导数式，若二阶导数大于零，则该表达式即为测量的最有利条件。分析时多从相对误差着手。

例如：如图 5.0.3 所示，用滑线式电桥测电阻时，滑线臂在什么位置测量时，能使待测电阻的相对误差最小。

设 R_s 为已知标准电阻，l_1 和 $l_2=L-l_1$ 为滑线电阻的两臂长。当电桥平衡时

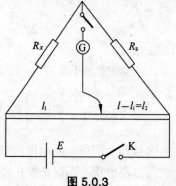

图 5.0.3

$$R_x = R_s \frac{l_1}{l_2} = R_s\left(\frac{L-l_2}{l_2}\right)$$

其相对误差为

$$E_R = \frac{\mathrm{d}R_x}{R_x} = \frac{L}{(L-l_2)l_2}\mathrm{d}l_2$$

是 E_R、l_2 函数，要求相对误差为最小的条件是

$$\frac{\partial E_R}{\partial l_2} = \frac{L(L-2l_2)}{(L-l_2)^2 l_2^2} = 0$$

可解得

$$l_2 = L/2$$

因此，$l_1 = l_2 = L/2$ 是滑线式电桥最有利的测试条件。

又如电学仪表在准确度等级选定后，还要注意选择合适的量程进行测量，才能使相对误差最小。

设仪表级别为 f 级，量程为 $V_{\max}$，则

$$\Delta_{仪} = V_{\max} f\%$$

若待测量为 V_x，则其相对误差为

$$E_x = \frac{\Delta_{仪}}{V_x} = \frac{V_{\max}}{V_x} f\%$$

当 $V_x = V_{\max}$ 时，相对误差最小。量程与被测量的比值越大相对误差越大，根据这一结论可指导你正确选用电表的量程。

五、数据处理技巧与实验仪器的配套

1. 数据处理的技巧

在考虑实验方案时，往往可以利用数据处理的一些技巧，解决某些不能或不易被直接测定的物理量的测定。

（1）测出不能直接测量的物理量。

有些物理量往往是不能被直接测量的。但是通过采取适当的数据处理方法，可以把问题解决。

例如单摆的周期与摆长的关系为

$$T_0 = 2\pi\sqrt{\frac{L}{g}} \tag{5.0.3}$$

上式在摆角 θ 趋于零的条件下成立，但是，实际测量时摆角有一定数值，测量到的不是 T_0 而是

$$T = T_0\left[1 + \frac{1}{4}\sin^2\left(\frac{\theta}{2}\right)\right]$$

上式是取二级近似的单摆周期表达式。为获得 T_0，我们可以测出摆在不同 θ 值下的 T 值，用差值法或归纳法处理数据即可求出 T_0 值。

（2）测量不易测准的物理量。

用数据处理方法可以解决某些不易测准的物理量的测量。

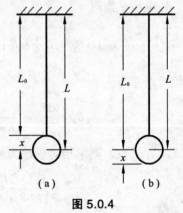

图 5.0.4

仍以单摆为例，单摆摆长 L 应该是摆的悬点到摆球质心之间的距离。实验中能够精确测量的是悬线长度 l_0，而不是摆长 L，因为小球质心的位置受小球制造上各种因素的影响，无法精确地测准，把 L 改写成 $l_0 + x$[图 5.0.4（a）]或 $l_0 - x$[图 5.0.4（b）]，则式（5.0.3）变成

$$T^2 = \frac{4\pi^2}{g}l_0 + \frac{4\pi^2}{g}x \quad 或 \quad T^2 = \frac{4\pi^2}{g}l_0 - \frac{4\pi^2}{g}x \tag{5.0.4}$$

这样，测出不同 l_0 下的 T 值，用最小二乘法拟合直线，由截距即可定出不易测准的 x 值。

（3）绕过不易测定的物理量。

用数据处理方法可绕过某些不易测出的量而求出所需要的物理量。

例如：用简谐振动测定弹簧振子的倔强系数 k。

$$T = 2\pi\sqrt{\frac{m}{k}} \tag{5.0.5}$$

已知

测出简谐振动的周期 T 及弹簧振子系统的等效质量 m，就可以求出 k 来。但是，实际上等效质量 m 为

$$m = m_V + m_e \tag{5.0.6}$$

式中，m_V 是振动体的质量；m_e 是弹簧的等效质量。由于 m_e 是不易确定的，因此 m 也无法确定。于是直接由式（5.0.5）求 k 也就困难了。将式（5.0.5）改为

$$T^2 = 4\pi^2 \frac{m_V + m_e}{k} \tag{5.0.7}$$

用图解法（或回归法）可以绕过 m_e 的测量而解决问题，即改变 m_V 测出相应的周期 T，用 T^2-m_V 图的斜率，可以求出 k。

2. 实验仪器的配套

前节介绍了测量仪器的选择，若实验中需要使用多种仪器时，还应注意仪器的合理配套问题。实际上要讨论的问题是预先给定间接测量误差，如何计算各直接测量所能允许的最大误差，即误差的分配问题。它是实验设计中需要考虑的一个重要问题。

设间接测量量为 $N=f(x、y、z、\cdots)$，则其标准误差为

$$\sigma_N = \sqrt{\left(\frac{\partial f}{\partial x}\right)^2 \sigma_x^2 + \left(\frac{\partial f}{\partial y}\right)^2 \sigma_y^2 + \left(\frac{\partial f}{\partial z}\right)^2 \sigma_z^2 + \cdots}$$

考虑仪器配套时仍采用"误差等作用原理"，各直接测量量 $x、y、z\cdots$ 的误差对间接测量量的总误差影响相同

$$\sigma_N = \sqrt{n}\left(\frac{\partial f}{\partial x}\right)\sigma_x = \sqrt{n}\left(\frac{\partial f}{\partial y}\right)\sigma_y = \cdots \tag{5.0.8}$$

由此，可根据指定被测量量 N 和标准误差 σ_N 或相对误差 E_N 的要求，计算各直接测量量的标准误差或相对误差

$$\sigma_x = \frac{\sigma_N}{\sqrt{n}\left(\frac{\partial f}{\partial x}\right)}, \quad \sigma_y = \frac{\sigma_N}{\sqrt{n}\left(\frac{\partial f}{\partial y}\right)} \tag{5.0.9}$$

$$E_x = \frac{1}{\sqrt{n}}E_N, \quad E_y = \frac{1}{\sqrt{n}}E_N \tag{5.0.10}$$

例 1 用单摆法测量某地区的重力加速度 g，要求测量结果 $\frac{\Delta g}{g} \leqslant 0.2\%$ 时，如何确定测量摆长 l 和周期 T 的仪器的精密度（已知 $l \approx 100\ \text{cm}$，$T \approx 2\ \text{s}$）。

解 根据题意，可按式（5.0.9）计算出 l 及 T 的标准误差 σ_l 及 σ_T，再求出 $\Delta l_仪$ 及 $\Delta T_仪$。也可以直接按下面方法求，已知

$$\frac{\Delta g}{g} = \left(\frac{\Delta l}{l} + 2\frac{\Delta T}{T} \right) \leqslant 0.2\%$$

按等作用分配原则，有

$$\frac{\Delta l}{l} \leqslant 0.1\%, \quad 2\frac{\Delta T}{T} \leqslant 0.1\%$$

所以　　　　　　　$\Delta l \leqslant 100 \times 0.1\% = 0.1 \quad (cm)$

可见，使用米尺即可满足要求。

而　　　　　　　$\Delta T = \frac{1}{2} \times 2 \times 0.1\% = 0.001 \quad (s)$

为达到此要求，可连续测几个周期的时间 t，即

$$t = nT, \quad \frac{\Delta T}{t} = \frac{\Delta T}{T}$$

$$\Delta t = \frac{\Delta T}{T}t = n\Delta T$$

如取 $n = 100$，则 $\Delta t = 100 \times 0.001 = 0.1$ s。可见，用最小分度为 0.1 s 的停表去测量就可以满足要求。

若完全根据等作用原则进行误差分配，有时是不合理的，因为，有些直接测量在函数式中是以高次幂的形式出现，而另一些则以方根的形式出现，有些量比较容易进行精密测量，有些量则难以进行精密测量。所以，在等作用分配原则的基础上，要进一步进行调整。对容易精密测量的物理量分配的比例应小，对难以精密测量的物理量分配的比例应大。比例的大小程度要视具体情况而定。

例 2 求一铜圆柱体的密度 ρ，已知其质量 $m \approx 140$ g，直径 $d \approx 10$ mm；高 $h \approx 50$ mm。若要求密度测量的相对误差不得超过 1%，问测量 m、d 和 h 的仪器应如何配套？

解 根据题意，可以按式（5.0.9）计算出 m、d 和 h 的标准误差，然后再求出仪器误差。

我们仍按算术平均误差来求，已知

$$\rho = \frac{4m}{\pi d^2 h}$$

而要求　　　　　$\frac{\Delta \rho}{\rho} = \left(\frac{\Delta m}{m} + \frac{\Delta h}{h} + 2\frac{\Delta d}{d} \right) \leqslant 1\%$

根据等作用分配原则，有

$$\frac{\Delta m}{m} = 0.3\%, \quad \frac{\Delta h}{h} = 0.3\%, \quad \frac{\Delta d}{d} = \frac{1}{2} \times 0.3\% = 0.15\%$$

实际上，这样的分配是不合理的，因为 m 的测量精度可以比 d 和 h 高出两个数量级，所以应分配给 m 较小的误差，甚至不分配误差，只在 d 和 h 之间进行分配，有

$$\frac{\Delta h}{h} = 0.5\%, \quad \Delta h = 50 \times 0.5\% = 0.25 \quad (mm)$$

$$\frac{\Delta d}{d} = \frac{1}{2} \times 0.5\% = 0.25\%, \quad \Delta d = 10 \times 0.25\% = 0.025 \quad (mm)$$

由此可以看出，在测量时，h 用游标卡尺（精度≤0.1 mm），d 用螺旋测微器（精度≤0.1mm），m 用物理天平（感量≤0.02 g）测量，就能保证铜圆柱体的密度的测量误差≤0.1%，完成仪器配套。

综上几节所述，由于物理实验的内容十分广泛，实验的方法和手段非常丰富，同时还由于误差的影响是错综复杂的，是各种因素相互影响的综合结果，因此，要概括地分析或总结出一套实验方法或系统误差分析的普遍适用方法是不现实的。本书只能通过列举以上实例作一些原则性和启发性的叙述，以激发实验者的求知欲和探索精神，并希望通过以下的几个实验来总结、积累实践经验，逐步培养开展科学实验的能力和提高进行科学实验的素质。

实验 1 重力加速度的研究

【任务与要求】

（1）精确地测定当地的重力加速度 g 值，要求有 4 位有效数字，测定值与标准值（以实验提供的数据 $g = 979.211 \text{ cm/s}^2$）比较，相对误差须小于 2%。

（2）单摆、自由落体、气垫导轨等多方面来研究重力加速度的测定，提出若干测试方案，并加以分析比较，指出它们的优缺点。注意哪些量可测得精确？哪些量不易测准？并设法减小或消除影响精确测量的各种因素。

（3）写出测量方法，拟出测量步骤。列出记录数据，得出实验结果，以实验提供的 g 值作为相对真值计算误差。

【仪器设备】（供参考）

气垫导轨、电脑通用计数器、光电门、单摆、复摆、自由落体仪、物理天平、秒表、钢卷尺、游标卡尺等。

【实验提示】

对你在实验中测量重力加速度的各种方法加以比较，分析各种方法的优缺点。

实验 2 焦利秤测定不规则物体的密度

【任务与要求】

（1）设计实验方案，推导出测量公式。

（2）写出操作步骤，完整规范记录有关数据。

（3）得出实验结论（表述数据处理全过程），并进行误差分析。

【仪器设备】

焦利秤及配件、一杯蒸馏水、待测玻璃等。

【实验提示】

参考液体表面张力系数测定实验。

实验 3 简易万用电表的制作

万用电表是一种基本的电学仪表，它测量范围广，构造简单，使用方便，是电磁学工作者的必备工具。本实验要求同学根据已学过的知识，设计并组装一块简易万用电表。

【任务与要求】

（1）设计并组装一块简易万用电表，其技术要求：

直流电流量程：$10 \sim 100$ mA

直流电压量程：$3 \sim 10$ V

直流电阻：$\times 1$ Ω

（2）用 500 型（或其他型号）万用表的相应挡次校准，作出各挡的校准曲线。

（3）按设计要求绘出测定表头内阻 R_g 的电路图，绘出电流挡、电压挡、电阻挡的电路图，计算并选择元件。

（4）画出总电路图，列出所选元件的名称、型号、规格、数值。（注：在选各电阻及变阻器 R_P 时，除考虑其阻值大小外，还要考虑它们的误差范围，以免影响电表的精确度。考虑到多量程电表的累积误差，各电阻的精确度等级应不大于 1‰。）

（5）画出校准的电路图，简述校准程序。

【仪器设备】

请自行提出所需的仪器及元件的规格。

【实验提示】

电流表、电压表、欧姆表的各自组成和工作原理大家已熟知，把三者的线路有序地结合在一起，加一个转换开关，用一个表头指示，就是一块简易的万用电表。

1. 设 计

（1）先测定表头内阻 R_g，按已做过的实验，确定一个方案，画出电路图。

（2）设计电流挡，计算并选择元件。参考电路示图 5.3.1。

（3）设计电压挡，计算并选择元件。参考电路示图 5.3.2。

（4）设计电阻挡，计算并选择元件。参考电路示图 5.3.3。

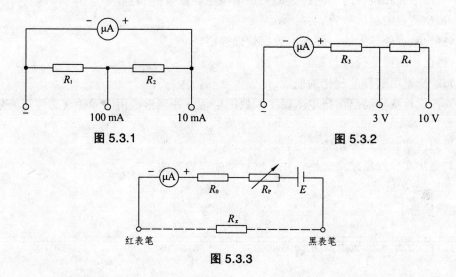

图 5.3.1　　　　　　　　　　　　　　　图 5.3.2

图 5.3.3

图中，R_0 为保护电阻，R_P 为调零变阻器。二者的选择要根据实际使用中 V_g 的电压范围及 I_g、R_g 选取。

2. 组 装

（1）按电路图和所选元件组装万用表，并进行统调。对不合适的元件可经过统调更换。

（2）用白纸画出各量程刻度表（电阻挡的刻度可用一电阻箱逐一定标），并用胶带把刻度表贴在指针下的原表盘上。

3. 校 准

列表并画出各量程的校准曲线。

实验4　电阻温度系数的测定

导体的电阻率会随着温度的变化而变化，因此，同一导体在不同的温度下有着不同的阻值，这些不同温度下的阻值与温度的变化之间存在着一定的联系，电阻温度系数就是反映这个关系的关系式中的温度项的系数。由于不同材料的导体的阻值随温度变化的快慢不同，所以温度系数也会不同。本实验要求同学们在掌握各种测量电阻的方法的基础上测出一导体的电阻温度系数。

（1）设计一个测量电阻温度系数的方案。

① 提出测量电阻温度系数的原理方法。

② 根据自己提出的原理方法设计一个测量电阻温度系数的电路。

③ 根据原理和设计的电路连接出测量电阻温度系数的装置。

④ 拟出测量的具体步骤。

⑤ 提出数据处理方法，并列出数据处理表格。

⑥ 提出所需要的仪器与器材。

（2）绘出电阻随温度变化的曲线。

（3）按设计要求绘出测量电阻温度系数的电路，并列出选用的元件（必须写清楚所需元件的型号）。

（4）写出实验原理和实验的内容、步骤。

（5）画出实验数据记录表格，并写出数据处理的方法。

【仪器设备】

请自行提出所需的仪器及元件的规格。

【实验提示】

导体的电阻 R 随温度 t 的升高而增加，R 与 t 的关系通常用下列公式表示：

$$R_t = R_0(1 + \alpha t + \beta t^2 + \gamma t^3 + \cdots) \tag{5.4.1}$$

式中，R_t 和 R_0 是与温度 $t\,^\circ\text{C}$ 和 $0\,^\circ\text{C}$ 对应的电阻值；α、β、$\gamma\cdots$ 为电阻温度系数，并有 $\alpha > \beta > \gamma\cdots$ 对于纯金属，β 已很小，所以在温度不太高时，金属电阻与温度的关系可近似地认为是线性的，即

$$R_t = R_0(1 + \alpha t) \tag{5.4.2}$$

或

$$R_t = R_0\alpha t + R_0 \tag{5.4.3}$$

在实验中我们可以用两种方法求出电阻的温度系数 α，一种方法是不用冰水混合物测量 $0\,^\circ\text{C}$ 时的 R_0，而是从 $R_1 = R_0(1 + \alpha t_1)$ 和 $R_2 = R_0(1 + \alpha t_2)$ 消去 R_0，得到电阻温度系数

$$\alpha = \frac{R_2 - R_1}{R_1 t_2 - R_2 t_1} \tag{5.4.4}$$

另一种方法是以温度 t 为横坐标，以相应的电阻 R_t 为纵坐标作图，得到一条直线。由图可得直线在纵轴的截距 R_0 和斜率 m。于是电阻温度系数为

$$\alpha = m / R_0 \tag{5.4.5}$$

附表：某些材料的电阻率（20 ℃时）及温度系数

材料	电阻率 /μΩ·m	温度系数 /℃⁻¹	材料	电阻率 /μΩ·m	温度系数 /℃⁻¹
铝	0.028	42×10^{-4}	康铜	0.47～0.51	$(-0.04～0.01) \times 10^{-3}$
铜	0.017 2	43×10^{-4}	镍铬合金	0.98～1.10	$(0.03～0.4) \times 10^{-3}$
铁	0.098	60×10^{-4}	钢（0.10~0.15%碳）	0.10～0.14	6×10^{-3}
银	0.16	40×10^{-4}	金	0.024	40×10^{-4}
锡	0.12	44×10^{-4}	水银	0.958	10×10^{-4}
铂	0.105	39×10^{-4}	武德合金	0.52	37×10^{-4}
铅	0.205	37×10^{-4}	铜锰镍合金	0.34～1.00	$(-0.03～+0.02) \times 10^{-3}$
锌	0.059	42×10^{-4}			

实验 5 基尔霍夫定律和电位的研究

【任务与要求】

（1）验证基尔霍夫第一定律和第二定律。

（2）实验进行前，必须在报告纸上给出：

① 实验原理、线路图（要求至少有 3 个回路）。

② 测量方案、操作步骤的简要说明（不超过 300 字）。

③ 数据表格。

（3）电压表和电流表的每一个读数都必须考虑量程和偏转的角度。

【仪器设备】

电流表、电压表、滑线变阻器、电阻箱、实验板、双路直流稳压电源、单刀开关。

【实验提示】

（1）参考方向。

测量或计算电路中某一支路的电压或电流，首先应假设电压或电流的方向，并标在电路上，这个假设的方向称为电压或电流的参考方向。

参考方向并不一定是实际的方向，但它一旦设定后就不再改变。测量时，若结果与参考方向相反，则在其测量值前加负号。计算时，若结果为负，就表示实际方向与参考方向相反；若为正，则表示实际方向与参考方向相同。

（2）电位与电位差。

电路中，电位的参考点选择不同，各节点的电位也不同，但任意两节点间的电位差不变，即任意两点间的电压与参考点电位的选择无关。

实验 6　电源特性研究

【任务与要求】

（1）测定电源的电动势和内阻。
（2）分析输出电压随输出电流变化的情况。
（3）做出电源的外特性（输出电压和电流）曲线，并对恒压源予以评价。

【仪器设备】

自选。

【实验提示】

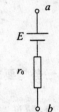

图 5.6.1　等效电路图

电源一般有恒压源（电势源）和恒流源（电流源）两种，实用的多为恒压源。

理想的恒压源是可以提供一稳定的电动势且内阻为零的电源。实用中，一般内阻不可能为零，它的等效电路如图 5.6.1 所示，E 为电动势，r_0 为等效内电阻。

由于 r_0 的存在，当电源对外电路提供电流时，在内阻上也产生电压降，所以输出电压 V_{ab} 和电动势之间有一差异。所谓电源的外特性，就是表征电源输出电流时，输出电压随输出电流变化的关系，显然这个变化愈小，就愈接近理想的恒压源。

实验 7　补偿法测量电源电动势

要准确地测量电源的电动势或某段电路两端的电压，必须使测量仪器不从被测量的电源或电路中取用电流，否则将影响原来电路的状况，使仪器测量值与真实值发生较大的误差。如用伏特表测电压时，由于它的内阻不是无穷大，总会有一部分电流通过。其次是任何电源都有内阻，在电路接通时，在电源内部也有电压降，这样测量的电压不会准确。应用补偿法就可以解决这个问题。所谓补偿法，就是被测电动势接入测量电路时所产生的电流，用工作电源予以补偿，使被测电动势没有电流输出。

【任务与要求】

（1）拟订利用补偿法测量电源电动势的方案和操作步骤。

(2) 测量不同待测电池的电动势。

(3) 分析采用补偿法测量电源电动势的不确定度。

(4) 分析实验中产生误差的原因。

【仪器设备】(供参考)

标准电池、工作电池和待测电池、检流计、变阻器、滑线电阻和开关等。

【实验提示】

如图 5.7.1，图中 ABC 为分布均匀的电阻丝，将 E 和 E_X 的输出同向相接，在 $E > E_X$ 的前提下，调节 R_p 或移动触头 B 的位置，使检流计 G 中没有电流。这时 E_X 电动势等于工作电源 E 在电阻 BC 上的电势差 $I \cdot R_{BC}$。因此，若能直接测出 I 和 R_{BC}，便可求出 E_X。但为提高测量的准确度，一般不直接测量 I 和 R_{BC}，而借助标准电池 E_N 用比较法测定 E_X。

实际测量线路如图 5.7.2 所示，操作过程可分为校准工作回路电流和测量。

(1) 校准工作回路电流。将 K_2 合向 E_N，滑线接头 B 移到某一定点位置，然后调节 R_p，直到检流计 G 不偏转，此时电流 I 在 BC 的电势差等于 E_N

$$E_N = I \cdot R_{BC} \tag{5.7.1}$$

此后，都不能再变动 R_P 值，以免改变电流。

(2) 测量：将 K_2 合向 E_X，移动触头 B 至 X 位置，检流计再次指零，则有

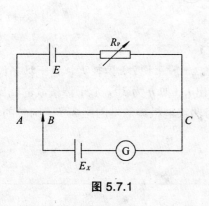

图 5.7.1

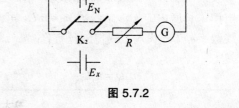

图 5.7.2

$$E_X = I \cdot R_{XC} \tag{5.7.2}$$

$$\frac{E_X}{E_N} = \frac{R_{XC}}{R_{BC}} = \frac{L_{XC}}{L_{BC}} \tag{5.7.3}$$

即 E_X 和 E_N 之比等于相应的 B 点和 X 点到点 C 的距离之比。E_N 已准确知道，测得 l_{BC} 和 L_{XC} 便可求出 E_X。

为避免电路接通而检流计未平衡时，有过大的电流通过检流计和标准电池，在线路中接入可变电阻 R 起保护作用。但是，为了提高测量的灵敏度，最好是 $R = 0$。因此在测量过程中，

随着补偿逐渐得到满足，要逐渐减少 R 直至为零。

实验 8 测量细丝直径

【任务与要求】

测量细丝直径。

【仪器设备】（供参考）

移测显微镜、平板玻璃片若干、低压钠灯、待测细丝等。

【实验提示】

将待测细丝放在两块平行平面玻璃板的一端，则在两板形成一劈尖形空气薄层。由于劈尖上下表面均为平面，所以干涉图样为一组等间距的直线状等厚干涉条纹，且条纹平行于两板另一端的交线。设单色光的波长为 λ，细丝直径为 D，则由

$$\Delta = 2D + \frac{\lambda}{2} \quad \text{和} \quad \Delta = (2m+1) + \frac{\lambda}{2}$$

可得

$$D = k\frac{\lambda}{2} \quad (k=0,\ 1,\ 2\cdots) \tag{5.8.1}$$

式中，k 为空气膜厚为 D 处所对应的干涉条纹级数。一般来说，k 值较大，且干涉条纹细密，直接读出干涉条纹数 k 难免出现差错。因此可先测出 n（如 n 为 30）个干涉条纹的间距 l，得出单位长度内的干涉条纹数 $n_0 = n/l$，再测出细丝与两玻璃板接触端的距离 L，则总的干涉条纹数 $k = nL$。代入上式得细丝直径

$$D = n_0 L \frac{\lambda}{2} \tag{5.8.2}$$

附　录

附录1　希腊字母表

大写	小写	汉语读音	大写	小写	汉语读音
A	α	阿尔发	N	ν	纽
B	β	贝塔	Ξ	ξ	克西
Γ	γ	伽马	O	o	奥米克戎
Δ	δ	德尔塔	Π	π	派
E	ε	艾普西隆	P	ρ	柔
Z	ζ	泽塔	Σ	σ, s	西格马
H	η	伊塔	T	τ	陶
Θ	θ	西塔	Π	υ	宇普西隆
I	ι	约（yāo）塔	Φ	φ, φ	斐
K	κ	卡帕	X	χ	希
Λ	λ	拉姆达	Ψ	ψ	普西
M	μ	谬	Ω	ω	奥米伽

附录2　常用数字符号

符　号	读　法	符　号	读　法
=	等于	∝	正比
≠	不等于	⊥（∥）	垂直于（平行于）
≈	约等于	%	百分号
>（<）	大于（小于）	∞	无限大
≥（≤）	不小于（不大于）	ln	对数（以 e 为底的）
>>（<<）	远大于（远小于）	lg	对数（以 10 为底的）

附录3　一些常用数字

$\pi = 3.1416$	1 rad $= 57°17'45''$	$\sqrt{2} = 1.4142$	$\sqrt{3} = 1.7321$
$e = 2.7183$.	$\ln 2 = 0.6932$	$\ln 3 = 1.0986$	$\ln 10 = 2.3026$

附录4　几种单位的换算

平面角	rad	°	r
1 弧度/rad	1	57.30	0.1592
1 度/°	1.745×10^{-2}	1	2.778×10^{-3}
1 转	6.283	360	1

1 转 = 2π弧度 = 360°。

长　度	m	cm	km
1 米（m）	1	100	10^{-3}
1 厘米（cm）	10^{-2}	1	10^{-5}
1 千米（km）	1 000	10^{5}	1

面　积	m^2	cm^2
1 平方米（m^2）	1	10^{4}
1 平方厘米（cm^2）	10^{-4}	1

体　积	m^3	cm^3	L
1 立方米（m^3）	1	10^{6}	1 000
1 立方厘米（cm^3）	10^{-6}	1	1.000×10^{-3}
1 升（L）	1.000×10^{-3}	1000	1

质　量	kg	g	u
1 千克（kg）	1	1000	6.024×10^{26}
1 克（g）	0.001	1	6.024×10^{23}
1 原子质量单位（u）	1.660×10^{-27}	1.660×10^{-24}	1

密　度	$kg\cdot m^{-3}$	$g\cdot cm^{-3}$
1 千克·米$^{-3}$（$kg\cdot cm^{-3}$）	1	0.001
1 克·厘米$^{-3}$（$g\cdot cm^{-3}$）	1 000	1

速　度	m·s⁻¹	cm·s⁻¹	km·h⁻¹
1 米·秒⁻¹（m·s⁻¹）	1	100	3.6
1 厘米·秒⁻¹（cm·s⁻¹）	0.01	1	$3.6×10^{-2}$
1 千米·小时⁻¹（km·h⁻¹）	0.277 8	27.78	1

力	N	kN
1 牛（N）	1	10^{-3}
1 千牛（kN）	10^3	1

压　强	Pa	atm	mmHg
1 帕[斯卡]（Pa 或 N·m⁻²）	1	$9.869×10^{-6}$	$7.501×10^{-3}$
1 大气压（atm）	$1.013×10^5$	1	760
0 ℃ 时的毫米汞高（mmHg）	133.3	$1.316×10^{-3}$	1

能量、功、热量	J	cal	kW·h
1 焦[耳]（J）	1	0.238 9	$2.778×10^{-7}$
1 卡（cal）	4.186	1	$1.163×10^{-6}$
1 千瓦·时（kW·h）	$3.600×10^6$	$8.601×10^5$	1

功　率	W	kW	马力
1 瓦（W）	1	0.001	$1.341×10^{-3}$
1 千瓦（kW）	1 000	1	1.341
1 马力（HP）	745.7	0.7457	1

电势电压（电势差）电动势	V	mV	kV
1 V	1	10^3	10^{-3}
1 mV	10^{-3}	1	10^{-6}
1 kV	10^3	10^6	1

电阻	Ω	kΩ	MΩ
1 Ω	1	0.001	10^{-6}
1 kΩ	10^3	1	10^{-3}
1 MΩ	10^6	10^3	1

电容	F	μF	pF
1 F	1	10^6	10^{12}
1 μF	10^{-6}	1	10^6
1 pF	10^{-12}	10^{-6}	1

电感	H	mH	μH
1 H	1	10^3	10^6
1 mH	10^{-3}	1	10^3
1 μH	10^{-6}	10^{-3}	1

磁感强度	T	G
1 T	1	10^4
1 G（高斯）	10^{-4}	1

附录5　基本物理常数

物理量	符　号	数值与单位
真空中的光速	c	$(2.997\ 924\ 580 \pm 0.000\ 000\ 012) \times 10^8\ \text{m} \cdot \text{s}^{-1}$
真空磁导率	μ_0	$12.556\ 373\ 061\ 44 \times 10^7\ \text{H} \cdot \text{m}^{-1}$
真空中的介电系数	ε_0	$(8.854\ 187\ 818 \pm 0.000\ 000\ 071) \times 10^{12}\ \text{F} \cdot \text{m}^{-1}$
基本电荷	e	$(1.602\ 189\ 2 \pm 0.000\ 004\ 6) \times 10^{-19}\ \text{C}$
电子（静）质量	m_e	$9.109\ 5 \times 10^{-31}\ \text{kg}$
电子电荷与质量之比	e/m_e	$(1.758\ 804\ 7 \pm 0.000\ 004\ 9) \times 10^{11}\ \text{C} \cdot \text{kg}^{-1}$
质子（静）质量	m_p	$(1.672\ 648\ 5 \pm 0.000\ 008\ 6) \times 10^{-27}\ \text{kg}$
原子质量常量	m_u	$(1.660\ 565\ 5 \pm 0.000\ 008\ 6) \times 10^{-27}\ \text{kg}$
普朗克常量	h	$(6.626\ 176 \pm 0.000\ 036) \times 10^{-34}\ \text{J} \cdot \text{s}$
阿伏加德罗常数	N_A	$(6.022\ 045 \pm 0.000\ 031) \times 10^{23}\ \text{mol}^{-1}$
法拉第常数	F	$(9.648\ 456 \pm 0.000\ 027) \pm 10^4\ \text{C} \cdot \text{mol}^{-1}$
里德伯常数	R_∞	$(1.097\ 373\ 177 \pm 0.000\ 000\ 083) \times 10^7\ \text{m}^{-1}$
玻尔半径	a_0	$(502\ 917\ 706 \pm 0.000\ 004\ 4) \times 10^{-11}\ \text{m}$
经典电子半径	r_e	$(2.817\ 938\ 0 \pm 0.000\ 007\ 0) \pm 10^{-15}\ \text{m}$
理想气体在标准状态下的摩尔体积	V_m	$(22.413\ 83 \pm 0.000\ 70) \times 10^{-3}\ \text{m}^3 \cdot \text{mol}^{-1}$
摩尔气体常数	R	$(8.314\ 41 \pm 0.000\ 26)\text{J} \cdot \text{mol}^{-1} \cdot \text{K}^{-1}$
玻尔兹曼常数	k	$(1.380\ 662 \pm 0.000\ 040) \times 10^{-23}\ \text{J} \cdot \text{K}^{-1}$
万有引力常数	G	$(6.672\ 0 \pm 0.004\ 1) \times 10^{-11}\ \text{m}^3 \cdot \text{s}^{-2} \cdot \text{kg}^{-1}$
标准重力加速度	g_n	$9.806\ 65\ \text{m/s}^2$
热功当量	J	$4.186\ 8\ \text{J} \cdot \text{cal}^{-1}$
水三相点		$273.16\ \text{K}$
水在常压下的冰点		$273.15\ \text{K}$

附录 6 一些固体的密度

合金与某些材料的密度

物 质	成 分	密度（g/cm^3）
铝-铜合金	Al 10，Cu90	7.69
黄铜	Al 5，Cu95	8.37
青铜	Al 3，Cu97	8.69
康铜（铜镍合金）	Cu90，Zn10	8.6
硬铝	Cu50，Zn50	8.2
德银	Cu90，Sn10	8.78
殷钢（铁镍合金）	Cu85，Sn15	8.89
铅-锡合金	Cu80，Sn20	8.74
磷青铜	Cu75，Sn25	8.83
锰铜合金	Cu60，Ni40	8.88
铂铱合金	Cu4，Mg0.5，Mn0.5 剩余为 Al	2.79
生铁	Cu26.3，Zn36.6，Ni36.8	8.30
高速钢	Cu52，Zn26，Ni22	8.45
不锈钢	Cu59，Zn30，Ni11	8.34
铸锌	Cu63，Zn30，Ni6	8.30

一般固态物质的密度（室温下）

物 质	密度/（g/cm^3）	物 质	密度/（g/cm^3）
熔融石英	2.2	木头	0.4～0.8
硼硅酸玻璃	2.3	书写用纸	0.7～1.2
重硅钾铅玻璃	3.88	冰	0.88～0.92
丙烯树脂	1.182	赛璐璐	1.4
尼龙	1.11	象牙	1.8～1.9
聚乙烯	0.90	皮革	0.4～1.2
聚苯乙烯	1.056	瓷	2.1～2.5
马来树胶	0.96～0.99	花岗石	2.4～2.8
硬橡胶	1.8	玛瑙	2.5～2.8
松香	1.07	大理石	2.5～2.8

物　质	密度/（g/cm³）	物　质	密度/（g/cm³）
沥青	1.07～1.5	云母	2.6～3.2
石蜡	0.87～0.93	电木（胶木）	1.3～1.4
蜡	0.95～0.99	金刚砂	4.0
软木	0.24	磁铁	5.0
木炭	0.3～0.9	混凝土	1.8～2.4
石棉	1.5～2.8	结晶石膏	2.25
干土	1.0～2.0	烧石膏	1.8
干砂	1.5	方解石	2.67
黏土	1.5～2.6	有机玻璃	1.18
砖	1.4～2.2	胶合板	0.56
食盐	2.1～2.2		

附录7　一些物质的熔点、熔解热、沸点、汽化热

（1 cal/g＝4.18×10³ J/kg）

物　质	熔点/℃	熔解热/（cal/g）	沸点/℃	汽化热/（cal/g）
酒精	−114	23.54	78	204
二硫化碳	−112	45.3	46.25	84
氨	−77.7	81.3	−33	327
松节油	−10	80	160	539
冰	0	36	100	1 505
萘	80	33	218	50.5
生铁	1 100～1 200	8	2 450	93
一氧化碳	−200	46.68	−190	263
醋酸	16.6	16.4	118.3	104
甲醇	−97.1	20.95	64.7	94
苯胺	−6.24	30.24	184.3	124
苯	5.48		82.2	
丙酮	−96.5		56.1	

参 考 文 献

[1] 杨述武主编. 普通物理实验（一、力学、热学部分）. 第二版. 北京：高等教育出版社，1993.

[2] 杨述武主编. 普通物理实验（二、电磁学部分）. 第二版. 北京：高等教育出版社，1992.

[3] 杨述武主编. 普通物理实验（三、光学部分）. 第二版. 北京：高等教育出版社，1993.

[4] 徐志东，陈世涛主编. 大学物理实验. 第二版. 成都：西南交通大学出版社，2006.

[5] 黄建刚主编. 大学物理实验教程. 长沙：湖南大学出版社，2007.

[6] 华中工学院，天津大学，上海交通大学编. 物理实验：基础部分（工科用）. 北京：高等教育出版社，1981.

[7] 陈玉林，李传起主编. 大学物理实验. 北京：科学出版社，2007.

[8] 金清理，黄晓虹主编. 基础物理实验. 杭州：浙江大学出版社，2007.